直達美好

桃園機場捷運通車營運實錄

劉坤億——著

獻給

有遠見和魄力的決策者

以及所有參與桃園機場捷運規劃、興建、營運的夥伴們

目錄

推薦序

桃園的美好，值得更美好

鄭文燦 桃園市市長

桃園機場捷運是全世界第五條擁有市區預辦登機服務的機場捷運，從規劃到完工整整經過二十年。二〇〇六年六月開始動工，由行政院蘇貞昌院長主持動土典禮，當時我擔任新聞局局長，參與了動土典禮。

這條兼具首都到機場，以及台北、新北、桃園間通勤功能的捷運線，也是桃園營造「北北桃一小時生活圈」的重要軌道建設，興建單位是交通部高鐵局，營運單位是桃園捷運公司，原定二〇一四年通車，卻在眾人引領期盼下，因系統穩定性測試始終未達標，通車日期一再跳票。

二〇一四年十二月二十五日我就任桃園市市長，隨即就指示桃園捷運公司在「安全無虞、系統穩定」的前提下，積極推動機場捷運早日通車。二〇一五年我做了兩項重大決定，指示桃園捷運公司招募及訓練足以營運機場捷運全線的人力和專業證照數，以及配合高鐵局在九月正式啟動營運前運轉測試，提升員工對各項設備設施的操作熟練度，與中央一起努力克服問題，讓機場捷運這項國家重大建設能夠早日完成。但由於核心機電標的承包商與分包商間發生契約糾紛，導致號誌系統改善進度停滯不前，到二〇一五年十二月底，機場捷運的系統整合測試距離驗證合格標準還有很大的落差。

這個僵局直到二〇一六年五二〇蔡英文總統就任之後才打破，交通部部長賀陳旦就任後，隨即在六月三十日成立「機場捷運監理調查委員會」，擔任公正、客觀、獨立的第三方，歷經兩個月的密集調查，將各項缺失系統化收斂，提出具體可行的改善方案，並協調承包廠商及其分包商歸隊，與高鐵局、桃捷公司等相關單位共同合作解決問題，才讓機場捷運最後階段的號誌系統工程向前大步邁進，終於在二〇一七年三月二日正式通車營運。

機場捷運正式通車營運，為台灣桃園國際機場帶來更為便捷的聯外交通，是實現「北北桃一小時生活圈」的重要里程碑，也是桃園邁進捷運城市的第一步。在我積極爭取，以及幾位桃園立委、特別是鄭運鵬委員的協助協調下，中央的前瞻基礎建設計畫大力支持桃園的「三心六線」軌道建設。桃園除了是國門之都的航空城市，也是正朝軌道運輸和軌道經濟發展的智慧交通城市，藉由分期推動「三心六線」的路網，串連桃園、中壢和航空城三大都心，規劃機場捷運線、桃園捷運綠線、綠線延伸中壢線構成環狀主幹線，並透過桃園捷運棕線、捷運三鶯線延伸八德線與大台北都會區捷運系統串聯，打造「目」字形軌道路網，便捷北北桃通勤族的交通，促成「北北基桃首都圈」的連結，發揮首都人口減壓的效果。

目前桃園捷運綠線全線工程正如火如荼進行中，鐵路地下化的先導工程和先期工程已陸續啟動，平鎮車站路段地下化工程甫於今年十一月九日開工動土，桃園捷運棕線在今年十月十二日通過環評，桃園捷運綠線延伸中壢線也在今年十月二十六日剛通過環評初審，捷運三鶯線延伸八德線目前已在綜合規劃審查階段，機場捷運延伸至老街溪站正緊鑼密鼓進行號誌系統整合測試。桃園的軌道建設正在一線一線定案，一條一條開工，第一期路網完成時，車站八〇〇公尺範圍服務人口的覆蓋率，將達到桃園市人口的百分之四十四。考量桃園人口及產業發展迅速，過去幾年我積極推動「桃園第二階段都會區捷運系統路網計畫」，今年五月六日已獲得交通部同意備查，第二階段十一條捷運完成後，桃園軌道運輸服務人口的覆蓋率將提升至百分之七十，將大幅提升桃園大眾運輸的普及和便捷。經過我們八年的努力建設，桃園已經轉大人，並蛻變成讓市民好工作、好生活、好夢想的宜居城市。桃園的美好，值得更美好。

機場捷運是桃捷公司負責營運的第一條捷運線，六年多前我請公司常務董事劉坤億接任董事長，擔負通車營運前的各項準備工作，並在通車營運後全力提升運量和服務品質。在劉董事長和桃捷營運團隊的努力下，桃捷公司達成機場捷運的四大營運目標：安全無虞、系統穩定、財務穩健、運量提升。

二〇二〇年全球新冠肺炎疫情延燒到台灣，因邊境管制，機場捷運的運量驟減、營收大幅縮水，造成桃捷公司營運虧損。疫情期間，我看到桃捷公司上下齊心努力防疫，不因營運陷入低潮而喪失鬥志，除了致力於開源節流，也在智慧軌道和服務品質有很好的成績表現。桃捷雖然是一家年輕的公司，但在劉董事長的帶領下，已型塑出安全、務實和創新的組織文化，在疫情期間更展現出難能可貴的企業韌性。

今年九月，劉董事長因為任期屆滿，臺北大學的借調屆期，歸建重返學校任教。回到校園的這兩個多月期間，他整理過去六年在桃捷公司的工作經歷，撰寫《直達美好—

桃園機場捷運通車營運實錄》一書，平實且深入地記錄機場捷運從籌備營運時期迄今的重要歷程。坤億是一位公共行政學者，也是機場捷運通車和營運初期的公司負責人，學養俱佳、歷練豐富，從他的視角觀察和記錄這段歷程，一定可以讓我們更深入瞭解這一項國家重大建設，如何在眾人的努力下突破困局順利通車，以及如何用心營運帶給乘客美好的旅運服務。

我要推薦這本書給每一位關心軌道建設、桃園進步、台灣發展的朋友。相信只要我們懷抱台灣值得更美好的理念，堅持並專注我們前進的方向，台灣的美好將更美好。

推薦序

打開糾結，合作向前

賀陳旦 交通部前部長

桃園捷運公司前董事長劉坤億教授出書回述他的捷運職涯，要我寫序。我深感榮幸，又自覺職責難免，但更希望為歷史註記，讓我們從教訓中學習而進步。

桃園捷運公司二〇一〇年七月六日成立，但並不是為桃園市捷運工程承續營運，而是準備接手交通部（高鐵局）當時建設中的桃園機場捷運路線。這是第一條中央興建，地方營運的捷運線。這是一條相當長（51公里）、兼具聯絡桃園國際機場及服務北北桃沿線居民的複合系統。這更是招商（BOT）不成，改由政府興建的國際標工程。以上三項建設面的複雜性彼此交錯影響，困難倍增，以致於工程進度六次展延，臨到系統完工進入營運測試階段，又發生許多工程介面問題。建設機關和營運公司各持立場，甚至演成中央和地方政府間爭議，而轉而被蒙上政治陰影打上死結。這樣曲折爭議的過程在工程史上前所未見，必須要用特別程序來處理。立法院在二〇一六年三月七日要求交通部成立「機場捷運監理調查委員會」，給了行政部門一個超越例行流程的依據。

要打開糾結，須要認清兩個根本緣由。一是工程表現不合格必須靠廠商合作解決，於是找齊廠商最重要；二是選舉結果會改變傳統上對立的（中央）建造者和（地方）營運者的關係，因而必須尋求兩級政府的共利。政府間要摒棄政治陰影，前提是解決技術問題。廠商要重新坐在一起改進技術，免不了要談好「價錢」，誰能代表（政府）業主答應付錢呢？這是特別處理程序中的關鍵。

因此，二〇一六年政黨輪替，我到交通部第一件工作就是找出和廠商對話的機制。透過工程前輩洪造先生豐沛國際人脈的引介，我們在六月底就組成了具有豐富國際營造經驗的監理調查委員會。搭配各方專家的諮詢小組，再加上請來專精軌道系統的江耀宗董事長願意出任召集人，在七月四日至八月二十七日期間密集開了十次委員會和七十九次技術討論會。委員會設定兩個目標：召回廠商合作改善技術瑕疵，以及邀請兩級政府業主同席化解未能通車的爭議。半年後新合作通過所有技術測試，再經法定履勘程序，終於讓機場捷運在二〇一七年三月二日正式通車！

回顧這個「監理調查委員會」能在兩個月內消除爭端，啟動新的合作氣氛，原因在委員的專業性，他們長於處理國際工程的履約問題。我們國家的營造業規模不算大，主管機關習於解釋法令而不熟稔國際契約。像機捷這樣多國合標的大工程，廠商間責任歸屬或者變更設計責任認定等爭議，業主和主管機關都不想面對複雜的合約，並未及時處置。久之，合約不受尊重，廠商間、廠商和業主間互不信任。直待獨立性委員會組成，委員專業經驗豐富，敢於從合約論曲直，找出合作利基，重建工程師對話，改善瑕疵的技術解方很快就有共識。

委員會能和廠商對話對業主方也解除了很大壓力。本案越到後期，系統未達標的社會關切越強，兩級（政府）業主都忌諱其中技術複雜，更怕被說成「放水」，工程進度就停留在常見的建造者和營運者的防禦心態。現在有了懂合約和技術的委員會提出改善主張，又邀得相關廠商共識，排除「系統失敗」責任，自然放下戒備，雙方共同拆除過往的壁壘，化解爭議。

業主間對話會改善，又跟機捷內外處境變換有關。選舉過後，不管中央期待機場國門有新服務，地方首長要兌現改善交通的政見，都共同盼望「早日通車」！和選前把爭議不休的工程視為「政治肉票」大不相同。新接任桃捷公司的劉董事長是公共行政出身，長於協商，對打開死結，轉圜攻防氣氛，共尋兼利大計，著有貢獻！

中央政府的業主高鐵局也在新的合作氣氛下獲得鼓舞。經辦同仁歷經六次工程展延，監察院又在二〇一六年八月因工程延宕，正式糾正該局前後五位局長。身處這樣的究責，面對廠商八十六件爭議、一六八億元求償，一般公務員多半都會諱疾喪志，但是高鐵局同仁沒有退卻，堅持五年，歷經數十場協議和仲裁，甲方反而淨沒入廠商七億元罰款。一來一往，等於為國家減少一七五億元損失。交通部也不因該工程被監院糾正在案不宜居功，慨然給五十一位同仁敘獎，表彰創新調解作業，讓本案合約曲直再添一筆正義的完結！

爭議工程是進是退，延宕工期同仁可否敘獎，存乎一心。機場捷運系統經歷這樣曲折誕生，帶給台灣營建業的蛻進，也讓同仁有更完善的營運操練，必有後福！劉董事長身處一心的核心，又承先啟後奠下桃園捷運公司營運大計，今發抒成書以啟來者，我樂於助興，是為序。

自序

念念不忘，必有迴響

桃園機場捷運是目前台灣唯一由中央興建、地方營運的軌道建設；與國內其他捷運系統有所不同，機場捷運的特性兼具機場聯外和都會捷運功能，採直達車與普通車混合運轉，且提供出境旅客預辦登機及行李托運服務；機場捷運機電統包標是標準的異質性統包標，一般是採最有利標方式決標，卻在立法院基於「節省公帑、杜絕綁標」的理由下，決議以最低價格標方式決標。

這些建設計畫特性，除了機電系統工程整合極具挑戰，對於通車後的系統運轉彈性、票價訂定、維修及營運，乃至產權移轉，都有極高的複雜性和挑戰度。過去六年，個人經歷機場捷運營運前運轉測試、營運模擬演練、初勘、履勘、運價方案審議、多元優惠票價訂定，以及千迴百轉、尚待解決的產權移轉課題，過程確實頗為艱辛磨人。然而，從學術個案研究的角度來看，機場捷運通車營運的歷程，具有個別特殊性、複雜性及動態變化，是一個相當引人入勝的公共建設個案，身為公共行政學者，這個個案十分吸引我投入時間研究。

今年（二〇二二年）三月，距離董事長任期屆滿前半年，我開始著手整理撰寫本書所需資料，利用公餘時間重新檢閱文件檔案和工作日誌，以及蒐集補齊相關文獻；九月中旬，返回臺北大學任教後，便在筆電前專注撰寫本書，至十一月下旬完成。

本書內容共計五章，前兩章是觀察記錄機場捷運通車的歷程，第三章和第四章是記錄桃園捷運公司接手營運機場捷運的奮鬥過程，第五章是從公司治理的角度，記錄桃園捷運公司的營運理念、永續發展思維、創新作為，以及企業社會責任的實踐。本書雖然是記錄機場捷運通車及營運初期的歷程，但同時也記錄了桃園捷運公司的蛻變和成長。

撰寫本書的目的，是感念一項國家重大交通建設，從規劃、興建到營運，過程中有眾多前輩先進和夥伴們的心血貢獻，以及這項建設計畫各階段決策者的遠見和魄力，這個歷程應該被記錄下來；再者，個人也希望藉由公共行政及政策管理的視角，觀察、檢視和分析機場捷運通車及營運過程中，值得被注意的問題和可供學習的經驗。

感謝鄭文燦市長在二〇一六年九月指派我擔任董事長一職，讓我有機會與桃園捷運公司結下很深的緣分。撰寫本書時，更加深刻感受到機場捷運通車和營運的每一個重要過程，都有鄭市長的鼎力支持和溫暖陪伴。鄭市長是台灣卓越的領袖人物，我以身為鄭市長所領導的桃園隊一員為榮，更以能夠參與和見證桃園隊八年來所締造的不凡市政建設成果，感到幸運和驕傲。

感謝交通部前部長賀陳旦先生，在我初接任董事長一職時，細心安排我融入交通體系，並對許多機場捷運系統優化的專案，給予最大的支持和指導。賀陳部長是一位望之儼然，即之也溫的謙謙君子，與他相處互動，如沐春風。賀陳部長慨然應允撰寫推薦序，讓本書的出版更具意義，作者銘記在心。

感謝高鐵公司董事長江耀宗先生，引領我加入台灣軌道工程學會，結識更多軌道工程及交通運輸界的專家學者，在前輩先進們的指導下，讓我的本職學能快速增長。江董事長擔任「機場捷運監理調查委員會」召集人時，明快精準的會議主持風範，令後輩欽佩。

感謝交通部王國材部長、胡湘麟政務次長，國家發展委員會游建華副主任委員，鐵道局伍勝園局長、楊正君副局長，於過去六年期間，在工作上的許多協助和指導。在此，也要感謝行政院李孟諺秘書長，在處理機場捷運系統產權移轉的有力協調。當然，還有許多前輩先進對我的幫助和指教，不及備載，尚請見諒，在此，謹申謝忱。

本書的完成，也要感謝桃園捷運公司多位主管同仁，協助蒐集部分細部資料，並釐清內容細節。感謝黎高興總經理，對本書的出版提供許多寶貴的建議和協助。特別感謝富華和睿岑，在本書出版前，利用假日時間協助校稿。

藉此，我也要和桃園捷運公司的夥伴說幾句話。

六年的時間過得真快，但我們共同經歷的卻是很多、很豐富、很精采，這本書能夠記錄的實在有限，沒能寫下的，依然在我們的共同記憶中保存著。

二〇一七年機場捷運正式通車營運，這是我們一起努力，歷經千辛萬苦，完成的「不可能任務」。我們也一起締造了機場捷運運量節節攀升，服務品質獲得軌道業金牌獎的榮耀。

二〇二〇年，新冠肺炎疫情全球肆虐，三月國境管制，機場捷運是邊境的第二道防線，我們配合政府的防疫政策，共同承擔邊境的防疫責任，運量和營收也因此大幅減少，但面對困局，我們仍竭力維護旅客的安全和服務品質，一起挺過疫情的重擊。

桃園捷運榮耀的時刻，我很榮幸和大家一起分享；桃園捷運挫折的時候，我更欣慰能夠和大家在一起挺住。這是我們的革命情誼，也是同為一家人的情感，我非常珍惜，也非常感恩。要記得我們的信念：專注前進，乘載夢想，直達美好。

前言

乘載夢想，直達美好

桃園捷運公司的同仁都知道「乘載夢想，直達美好」是我們的服務信念。

二〇一七年三月二日，幾經波折的桃園機場捷運終於正式通車營運，等待多年的目標終於實現，一千多名年輕的員工心情十分振奮。迎接這個里程碑的同時，我的腦子裡卻想著鄭文燦市長在通車典禮上的一段話：「光榮屬於興建團隊，市府及桃捷公司將會承擔後續工作，讓機場捷運成為台灣的驕傲，也成為台灣都市化發展的重要指標。」。

在主管會議上，我問經營團隊：「現在開始，我們承擔機場捷運的營運任務，我們如何讓這項國家關鍵基礎建設成為台灣的驕傲？」團隊成員毫不猶豫地立即回答：「安全無虞」、「系統穩定」、「運量提升」、「財務穩健」。對，這是我們營運的四大目標，是我們的基本任務。接著我請經營團隊思考，我們是台灣的公共運輸服務業者，正式通車營運雖然是一個重要的日子，值得紀念，但未來無數個營運日，是我們的日常，桃捷公司要永續經營，我們需要一個堅定不移的服務信念。

「乘載夢想，直達美好」，這是桃捷公司經營團隊共同凝聚和建立的營運服務理念。每天有許許多多國內外旅客進出機場捷運的車站，搭乘我們的列車前往一個目的地，出國旅遊、留學深造、趕赴海外的商務行程，返國回到久別溫暖的家，通勤上班上學，與朋友歡聚，為家人朋友購買禮物，為心愛的家人添購生活用品，觀看一場精采的球賽，觀賞一部喜歡的電影，享受沿線商圈餐廳的美食……，無論是什麼理由或因緣，每一位旅客都是為了實現一個或大或小的夢想，進入我們的車站、搭乘我們的列車，尋求屬於自己的美好旅程，我們的任務就是乘載旅客的夢想，讓旅客直達屬於自己的美好。

經常，我在機場捷運全線各場站走動時，想著這條捷運線從規劃到興建竣工，從各系統建置到完成運轉測試通車，每一個階段都有許許多多默默付出和貢獻專業的前輩先進，若非懷抱著一份夢想、理想，怎麼能夠從無到有、從有到好。機場捷運建設全線各標工程獲獎紀錄輝煌，包括有四標獲得行政院公共工程委員會金質獎，以及有四標獲得行政院勞委會金安獎。我也經常提醒同仁，作為後來接手的營運單位，我們對前輩先進的貢獻要滿懷感恩的心，我們是承載著興建者的夢想，我們有責任讓機場捷運的美好更美好。

我將個人在桃園捷運公司服務六年的歷程，撰寫成書，除了是為機場捷運的營運前準備、通車及初期營運留下紀錄，也是為了向具有遠見和魄力的決策者，以及所有參與機場捷運規劃、興建、營運的夥伴們致敬。我相信，人因夢想而偉大，夢想因人而實現；我也相信，能夠乘載人們的夢想，協助人們直達美好，是一種幸福，更是一種福報。

第一章 面對問題解困局

二〇一六年九月十三日，桃園市長鄭文燦指派我擔任桃園大眾捷運股份有限公司董事長，布達時交付我要落實桃園機場捷運通車的各項準備工作，讓這條捷運成為智慧捷運，並大幅提升機場捷運的服務品質。在這個時間點，交通部成立的「機場捷運監理調查委員會」，甫於八月二十七日總結會議中敘明：機場捷運系統安全業已確保，待穩定性測試及模擬演練完成即能履勘後通車。監理調查委員會的這項調查結論，讓機場捷運通車的可能性大增；在此之前，機場捷運已歷經變更五次通車時程、六次通車跳票。在我正式接任董事長的三天前，系統穩定性測試已失敗兩次，我心裡很清楚，距離通車雖然不遠，但就像登百岳的攻頂，任何一個閃失都將導致功虧一簣。鄭市長在我接任這項新職務時，特別提醒：坤億，你去接桃捷董事長，一定要戰戰兢兢。我心裡明白，自己所處的工作情境是如臨深淵，如履薄冰。

第一節　機場捷運建設計畫

今天大家所通稱的「桃園機場捷運」，是根據二〇〇四年三月九日行政院所核定的「中正國際機場聯外捷運系統建設計畫」（二〇〇七年一月八日更名為「臺灣桃園國際機場聯外捷運系統建設計畫」）興建，計畫目的是為提供台灣民眾及訪台國際人士，往來台灣桃園國際機場便利之聯外交通系統，期使國際航線與國內交通網路得以密切連結。

回顧規劃歷程，這項計畫是交通部高鐵局接續前台灣省政府住宅及都市發展局於一九九六年完成的初步規劃，中正國際機場至台北市區間的捷運路線；同年，行政院核定以民間興建營運後移轉（BOT）模式辦理，由於當時房地產景氣被看好，捷運沿線土地開發效益深具誘因，因此共有五家廠商提出申請，一九九八年經評選由長生國際開發公司獲得最優先申請人資格，取得三十年特許經營權，規劃路線為中正國際機場至台北捷運西門站，一般稱之為「長生線」，又因識別顏色為紫色，也稱為「紫線」。

識別顏色定為紫色，緣起於興建單位探勘機場捷運路線時，發現林口台地是台灣原生鳥類紫嘯鶇的棲息地，紫嘯鶇羽色深紫藍色、具有金屬光澤，因此決定以紫色為機場捷運線的識別顏色；又因紫嘯鶇在自然光源下羽色呈現藍、紫交錯，是以決定機場捷運直達車為紫色車廂，普通車為藍色車廂。

遺憾的是，其後幾年的房地產景氣未如預期，土地開發效益難以樂觀兌現，加上長生國際開發公司財務出現問題，無法完成用地區段徵收及增資五十億元，二〇〇二年十二月三十一日，高鐵局和長生國際開發公司終止合約，這項 BOT 案宣告終結，該公司也於次年解散。

二〇〇三年，民進黨政府對於桃園機場捷運建設計畫，做了三項重要的決定：第一、由民間興建營運後移轉（BOT）改為政府自行編列預算興建，指定交通部高鐵局負責此一建設計畫，並列入「新十大建設」項目；第二、台北市區端點由西門站改至台北車站鄰近，並同意台北市政府意見，機場捷運以地下化方式進入台北市；第三、為兼顧都會捷運效能，帶動沿線都市發展及地方繁榮，併入桃園地方捷運藍線先期路線，由中正國際機場延伸至中壢青埔的高鐵桃園站（後來計畫再延伸至中壢環北站）。

桃園機場捷運建設計畫起始於一九九五年省住都局著手規劃，及至二〇〇四年行政院核定計畫，前後近十年。這項捷運建設計畫路線起自桃園國際機場第二航廈，往東經桃園市蘆竹、新北市林口、新莊至台北車站特定專用區，往南經高鐵桃園站至中壢中豐路與環北路交口，全長五十一．○三公里，沿途橫跨台北市（中正區）、新北市（三重區、新莊區、泰山區、林口區）、桃園市（龜山區、蘆竹區、大園區、中壢區）三個直轄市的九個區，沿線共設有二十二座車站，包括十五座高架車站和七座地下車站，並建置青埔及蘆竹兩處維修機廠，總建設經費為新臺幣一一三八．五億元。

機場捷運的建設計畫與國內其他捷運系統有所不同，計畫特性有二：其一、兼具機場聯外和都會捷運功能，採直達車與普通車混合運轉、交替發車的營運模式，並具列車追越待避的運轉模式；其二、提供出境旅客預辦登機及行李托運服務，出境旅客可以直接在機場捷運A1台北車站內的航空公司櫃檯辦理報到（into wncheck-in, ITCI），取得登機證，並可托運行李（A3新北產業園區站預計二○二二年底前也可提供這項服務）。

除了上述兩項特性，機場捷運也是國內迄今一次通車長度最長的捷運系統，沿線並有多處長陡坡及小轉彎半徑，平均站距為二．五四公里（台北捷運平均站距為一．一三公里），最長站距達八．四公里（A9林口－A10山鼻）；再者，機場捷運也是目前唯一由中央興建、地方營運的捷運系統。以上這些特性，除了工程方面極具挑戰，對於通車後的系統運轉、維修、營運，乃至產權移轉都有極高的複雜性和挑戰度。[1]

1 本節參考文獻包括交通部高速鐵路工程局，二〇一七年，《臺灣桃園國際機場聯外捷運系統建設計畫工程第一階段總結報告》（上、下冊）。朱旭，二〇一七年，「回顧『機場捷運』」，《土木水利》第四十四卷第二期。鍾維力，二〇一六年，「臺灣桃園國際機場聯外捷運系統建設計畫」，《土木水利》第四十三卷第一期。

第二節　通車期程五度展延

桃園機場捷運建設計畫係於二〇〇四年奉行政院核定辦理，依「擴大公共建設投資特別條例」於二〇〇四年~二〇〇八年編列特別預算；二〇〇九年三月核定列入「振興經濟擴大公共建設方案」，並於二〇〇九年~二〇一一年編列特別預算加速辦理。

交通部高鐵局於這項建設計畫核定後，自二〇〇五年起陸續辦理機電系統及土建工程的招標作業。在發包策略方面，先辦理機電系統、後辦理土建工程招標作業；居於最關鍵的機電系統統包標（ME01），是將核心機電（電聯車、號誌、供電、通訊）、軌道、中央監控、月台門、機廠設備、機廠土建等，以併標方式辦理；土建工程則採土木、建築、水電及環控併標方式辦理發包。在決標方式上，採公開招標，分為資格、規格、價格三階段開標，並依據立法院於二〇〇五年五月三十一日決議，以最低價格標為決標方式。

主要標案決標情形：機電系統統包工程 ME01 標的決標日期是二〇〇五年十二月九日，是第一個決標案；土建工程的第一個決標案是 CU02A 標，A12 機場第一航廈站至 A14a 機場旅館站間地下段擋土及潛盾隧道工程，決標日期二〇〇七年三月二日；土建工程的最後一個決標案是 CE01B 標，A2 三重站至 A4 新莊副都心站車站、前後高架橋土建及其他機電設備工程，決標日期二〇〇八年十二月三十日；機電工程的最後一個決標案是 ME05 標，航班資訊顯示系統統包工程，決標日期二〇一一年一月十八日。[2]

機場捷運經歷台灣省政府住都局初步規劃，行政院核定採 BOT 模式辦理，再到政府決定自行籌資興建，規劃期已長達十年；沒想到二〇〇五年起陸續辦理機電系統及土建工程招標作業，先後卻因三重至台北段改為地下化、物價飆漲導致招標不順、環評要求而延遲興建機廠、承包商與下包商合約糾紛，以及系統整合與穩定性測試未達合約標準等原因影響，致使機場捷運興建期超過十年，通車期程五度展延（預定通車時間六次未能兌現）。

行政院在核定桃園機場捷運建設計畫時，預定的通車時間是二〇〇九年一月，其後行政院五次宣布通車（商業運轉）展延之情形，略述如下：

（一）台北市政府自二〇〇三年七月起，與交通部多次協商，為強化首都交通樞紐之功能，並塑造國家門戶意象，強烈主張機場捷運改採地下化方式進入台北市區。二〇〇四年十月，交通部在不另增加工程經費原則下，同意台北市政府之意見，並正式委託台北市政府辦理三重至台北市端點站地下化之土建（含水電、環控、電梯、電扶梯）工程。因應這項建設計畫變更，機場捷運首次調整通車時程，並採取兩階段通車，三重至中壢段為二〇一〇年十二月（第一階段通車），三重至台北段為二〇一三年二月（第二階段通車）。

（二）機場捷運建設計畫啟動後，因二〇〇七年間物價上漲、用地費用增加等事由，二〇〇八年十一月檢討調整通車時程，三重至中壢段為二〇一三年六月，三重至台北段為二〇一四年十月。

（三）因環評要求須將沿線開挖多餘土方運至維修機廠回填，造成建廠延遲，影響主線機電測試時程，於二〇一二年八月對外宣布調整通車時程，三重至中壢

2 參考機場捷運監理調查委員會，二〇一六年八月，《臺灣桃園國際機場聯外捷運系統建設計畫監理調查總結報告》。交通部，民國一〇七年交通年鑑，第十三篇第一章第二節「臺灣桃園國際機場聯外捷運系統」。

段為二〇一三年十月，三重至台北段仍為二〇一四年十月。

（四）因機電統包商與專業分包商之間發生爭議，合約糾紛未能及時解決等事由，延宕工程進度，二〇一三年五月對外宣布，不再分段通車，全線（中壢至台北段）於二〇一五年十二月通車。

（五）因機場捷運全線的系統整合及穩定性測試仍未達合約標準等因素，二〇一五年八月對外宣布，全線（中壢至台北段）於二〇一六年三月通車。[3]

一條捷運究竟蓋多久可以通車使用？這實在沒有標準答案。但是從規劃到興建，民眾等待二十年還通不了車，社會上的抱怨和批評一定少不了。而當立法院開始質詢究責、媒體密集關注報導，對於負責建設計畫的高鐵局，久久無法通車的壓力可以想像。機場捷運通車期程第四度展延時，前高鐵局長朱旭請辭，隨即辦理退休。

二〇一五年八月二十八日，交通部對外宣布，因為機場捷運系統的穩定性測試仍未達標，通車時間將展延至二〇一六年三月底。高鐵局在當天下午五點正式舉行記者會說明，由於機場捷運系統整合測試（IST），系統可用度尚未達到百分之九十七·五的標準，因此通車期程將從原訂的二〇一五年底改為次年三月底。高鐵局當天發布的新聞稿第一段內容，摘引如下：

機場捷運系統整合測試辦理迄今，穩定性仍未達標，致履勘前應完成之營運前運轉測試（PRSR）及模擬演練等作業未能展開，連帶影響原訂於今（二〇一五）年底通車期程。經高鐵局督促統包商積極改善，運轉穩定性已有所提昇；另經交通部與主管營運之桃園市政府及桃園捷運公司密切溝通協調，達成儘速啟動PRSR、且以「安全無虞、營運穩定」為前提之共識，共同努力以二〇一六年三月底為通車目標期程。

從高鐵局舉行記者會宣布第五度展延通車期程的時間，往前推算到二〇〇五年十二月機電系統統包工程ME01的決標，機場捷運建設計畫的執行已歷時十年。包括中央主

3　參考中央通訊社記者汪淑芬，二〇一六年三月四日，「機場捷運通車時程變更六次 始末報你知」。

管機關交通部，主辦工程建設機關高鐵局，地方主管機關桃園市政府，以及營運單位桃園捷運公司，每一個機關和單位，都期待儘快克服工程問題，能夠早日通車營運。

事實上，交通部在二〇一三年十二月即組成「機場捷運營運前協調專案小組」，由交通部次長兼任召集人，高鐵局局長兼任副召集人，統籌協調機場捷運在營運前準備作業推動，整合中央、地方、營運機構相關營運界面間的協調事宜。高鐵局也於二〇一四年三月研商完妥「機場捷運營運前準備計畫」，訂定各權責機關單位的權責分工和管控檢核作業。

二〇一四年十二月二十五日鄭文燦就任桃園市市長，隨即指示桃園捷運公司何煖軒董事長及陳凱凌總經理，在「安全無虞、系統穩定」的前提下，積極推動機場捷運早日順利通車。二〇一五年三月桃捷公司正式進駐接管A17領航站至A21環北站五個車站，並於A17領航站成立全線第一個維修據點；二〇一五年四月成立「營運管制室」，每日彙整報修工單，掌握設備異常狀況，並透過與高鐵局捷運工程處的定期會議，溝通協調以尋求改善。

二〇一五年五月十三日，鄭文燦市長於第十四次市政會議上，指示桃捷公司成立「機場捷運營運檢視專案小組」，邀集專家學者全面檢視機場捷運工程進度及問題，作為與工程單位務實檢討和尋求具體改善方法的基礎。同年七月一日，桃捷公司年度招募的新進人員完成報到，公司人員規模由原來不到四百人擴增近一倍人力。鄭市長的指示很明確，桃捷公司是以通車為目標，招募和訓練足以營運全線之人力和專業證照數。

鄭市長也指示市府警察局長黎文明，積極籌備成立機場捷運警察隊，以防護國家關鍵基礎設施，以及維護全線場站、人員和旅客的安全。機場捷運警察隊於二〇一六年三月十三日成立，營運前準備期已編配八十三名警力，首任隊長劉金山。

第三節　興建及營運合作備忘錄

在交通部及高鐵局宣布機場捷運通車第五度展延的前一天（二〇一五年八月二十七日），交通部長陳建宇、高鐵局長胡湘麟、桃園市長鄭文燦、桃園捷運公司董事長何煖軒，剛好共同簽署了「機場捷運興建及營運合作事項備忘錄」。這份合作備忘錄的簽署，是鄭文燦市長主動提出並促成。鄭市長鑒於機場捷運若要「安全無虞、系統穩定」的順利通車，中央和地方一定先要有共識，才能充分合作、共同努力克服問題。

這份合作備忘錄的甲方是交通部及高鐵局，乙方是桃園市政府和桃園捷運公司；備忘錄的目的是「甲乙雙方為釐清機場捷運興建相關測試及營運前準備事宜之合作事項」。內容總共有五項：第一項載明機場捷運建設計畫各標案契約之當事人為甲方及廠商，故相關契約權利義務對乙方不生拘束力，契約執行係以甲方與廠商為主體，而非以契約外之第三人乙方為主體；第二項述明依據大眾捷運系統履勘作業要點，乙方應有協同辦理初履勘作業之公法義務；第三項明列甲乙雙方於開始進行營運前運轉測試（Pre-RevenueServiceRunning,PRSR）至通車營運前，分別承諾辦理之事項（乙方部分有五項，甲方部分有九項）；第四項約定備忘錄之有效期限為簽訂日至通車營運日止，但備忘錄中相關承諾事項之履行，在通車營運日後者，仍屬有效；第五項述明相關未盡事宜，雙方得再行協商補充。

這份備忘錄的內容，雙方承諾事項中並沒有預定通車之期程。在前述記者會之前，有關新的通車目標期程，是出現在二〇一五年八月五日「交通部與桃園市雙首長就機場捷運建設會談紀錄」，這項會談結論一：「在系統安全與營運穩定條件下，桃園市政府全力配合交通部所提時程之變更，惟特別強調所有核定程序需按部就班進行（系統整合測試、營運前運轉測試 PRSR、模擬演練、初履勘至通車）。桃園市政府配合交通部以二〇一六年三月底全線通車為目標辦理相關作業，期望最晚不要超過二〇一六年五月。」。

由於機場捷運是目前唯一由中央興建、地方營運的捷運系統，這份興建及營運合作備忘錄的簽署，有利於興建的相關測試及營運前的準備工作上，中央和地方能夠達成共識、通力合作，一起完成營運前運轉測試（含穩定性測試），儘早報請中央主管機關履勘、核准通車。

這份合作備忘錄中，桃園市政府和桃園捷運公司（乙方）承諾事項，摘述如下：（一）於廠商已完成依附件一（桃捷提出三十一項關心事項改善期程）所列進入PRSR前應完成改善之缺失，乙方應配合派員進行PRSR測試；（二）PRSR測試係以甲方與廠商為執行主體，乙方如有意見或建議應向甲方提出；（三）乙方於PRSR測試中，未經甲方確認而自行指示廠商，致生任何設備或人員損害，乙方應自負損害賠償責任；（四）於PRSR階段至營運通車日前，乙方人員配合參與學習維修，乙方為順利進行模擬，配合辦理相關場站、設備點交後先使用；（五）廠商應與乙方協調後，由乙方提供充足之系統操作人員，進行PRSR、穩定性測試及模擬演練。

交通部和高鐵局（甲方）在合作備忘錄中所列承諾事項，摘述如下：（一）乙方對系統整合測試（IST）仍有疑慮之項目（桃捷於附件二提出對ME01標IST階段有三項疑慮），由甲方安排其功能展示，如仍有缺失者，甲方應請廠商擬定具體改善計畫、方法及期程；（二）PRSR測試的相關費用由甲方全數負擔；（三）於開始進行PRSR至通車營運前，甲方依約要求廠商提供符合職業安全衛生法之工作場域予乙方；（四）初履勘期間如有延長，廠商所生之相關費用，由甲方和廠商協議處理；（五）如因廠商與其下（分）包商間之契約履行糾紛，影響機場捷運系統之完工、點交或營運，均由甲方負責排除及解決；（六）乙方「機場捷運營運檢視專案小組」各個階段總結報告所提之缺失，均由甲方與乙方持續管控，相關改善費用由甲方及廠商負擔；（七）於甲乙雙方確認機場捷運系統完成驗收後，雙方同意依程序將系統完整移交給乙方，包括土地、建物、系統及設備等，完整移交給乙方，不得分割；（八）為確保營運不中斷，甲方同意於機場捷運發生不可抗力事件，有即時改善、修護事項時，依相關法規申請動支計畫建設經費；（九）甲方承諾負擔通車初期一個月免費試乘之費用、行銷費用，以及依法依程序協助乙方爭取場站開發淨效益等事宜。

從這份合作備忘錄的內容可以看到，雙方是以務實的態度共同面對工程上的問題，特別是ME01機電系統統包標在系統整合測試（IST）階段的疑義，以及桃捷公司所關心為利於達到通車標準，所需要儘快改善的工程缺失。高鐵局在合作備忘錄中，承諾督促廠商針對各項工程缺失，擬定具體改善計畫、方法及期程；如因統包商與其分包商間的契約履行糾紛，影響工程缺失之改善，高鐵局也會負責排除及解決。桃捷公司則承諾配合辦理場站接收，提供充足的操作人力，進行 PRSR、穩定性測試及模擬演練。再者，交通部和高鐵局也承諾基於「管用合一」原則，當機場捷運系統完成驗收後，會將包括土地、建物、系統及設備等完整移交給乙方，並協助桃園市政府和桃捷公司爭取場站開發淨效益。

合作備忘錄簽署之後，桃捷公司即於當年度九月至十一月期間，共辦理二十一場運務演練，強化員工緊急應變與動員編組能力，以及提升員工對各項設備的操作熟練度；是年九月十日在桃園機場第一、第二航廈，各設置一個電子票證聯合服務櫃台，培訓第一線人員熟悉票證作業，逐步檢驗後端票證資料的正確度，以及完善財會系統的行政流程；十二月二日進一步接管 A12 機場第一航廈站及 A13 機場第二航廈站，正式往中段接管各車站，並由南往北逐步接管各場站。

從前述高鐵局和桃捷公司的各項積極作為亦可看出，簽署合作備忘錄的雙方，確實以「安全無虞、系統穩定」為前提，依各自權責、共同致力於機場捷運能夠早日通車；然而，朝通車目標推進的主要瓶頸點，並非建設計畫的業主高鐵局和未來將接手營運的桃捷公司，而是 ME01 標的機電統包商；正如交通部高鐵局在前述二〇一五年八月二十八日發布的新聞稿中所指出：「由於機電統包商日商丸紅株式會社的系統整合能力不足，及其與下包商間長期存在合約爭議，導致系統整合測試（IST）問題未能有效解決或改善進度緩慢，影響機場捷運建設整體計畫期程。」。

第四節 工程問題 vs. 政治問題

◆桃捷公司的觀察報告

桃捷公司在二〇一五年十二月底的觀察報告指出，機場捷運的系統整合測試（IST）自二〇一四年一月十五日起開始執行，共計四十三項測試，截至二〇一五年十二月底，尚有一項C30.1（驗證時刻表功能：準時性與兩端點間的行車時間）未展示成功；測試期間發生多項子系統異常，可用度低於百分之九十七·五，未達驗證合格標準。

系統可用度的計算公式：（系統試運轉時間減去系統延誤影響時間）除於系統試運轉時間。前述系統延誤影響時間，係指系統或列車延誤超過九十秒之異常事件或事故。系統可用度在系統整合測試階段須達百分之九十七·五以上，在營運前運轉測試階段（PRSR）的系統穩定性測試，系統可用度須達百分之九十九以上。

C30.1測試項目的內容包括：（一）驗證時刻表的準時性與兩端點的行車時間，根據時刻表班距需求，設定測試電聯車以自動駕駛（ATO）模式營運；（二）分析中央控制室（CCR）列車控制系統的時刻表運作紀錄，包括班距、行車時間、停車時間。契約要求系統營運班距不超過三分鐘，直達車 A1-A12 平均速率時速須大於或等於六十公里，直達車 A1-A12 區間行車時間須小於或等於三十五分鐘，普通車 A1-A12 平均速率時速須大於或等於四十五公里。

機場捷運機電系統統包工程（ME01 標）是由日商丸紅株式會社、川崎重工業株式會社、日立製作所三家公司所共同承攬，並由丸紅擔任代表廠商，各子系統包括軌道、車輛、號誌、供電、通訊、中央監控、月台門、機廠設施等，由不同專業分包商負責製造、安裝及測試，但契約內各子系統間的界面及相關聯契約（ME02 標自動收費系統、ME03 標行包處理系統、ME04 標電梯及電扶梯工程、ME05 標航班資訊顯示系統及土建水環工程標等）間的界面事項，則由主承包廠商丸紅株式會社負責協調整合。依據契約規定，丸紅株式會社須辦理系統整合測試，驗證機電系統工程或部分工程之機電系統，可在規定運轉條件下安全運轉，如發現瑕疵，應於工程司通知期限內完成瑕疵改正及組件調整等。

再者，系統整合測試期間，廠商的主要契約責任還包括執行機廠內測試、於選定主線適當區間進行測試、一段時間的行車測試（TestRunning）；系統整合測試應在所有子系統測試完成及所有缺點修正完畢且經業主高鐵局接受後方得開始；以及系統整合測試期間應包含足夠的缺點改善及複測所需時間，以避免影響後續試運轉作業時間。系統整合測試的最終目標，是為了證明系統的性能、功用、品質與安全，已達到業主所規定之功能及技術標準，並且能夠達到主線正常營運之功能需求。

我在這裡進一步說明系統整合測試（IST）的意義及功能目標、業主高鐵局和機電系統統包商丸紅株式會社的權責，以及截至二〇一五年十二月底，系統整合測試尚有時刻表功能驗證這項關鍵項目未達合約標準，主要目的是要清楚說明：第一，在權責分工方面，依據機電系統統包標的契約規定，系統整合測試是由廠商丸紅負責執行功能展示，業主高鐵局則須確保廠商丸紅充分履約，完成所有測試項目標準，以達到機場捷運能夠正常營運的功能；第二，桃捷公司在系統整合測試階段既非業主、也非廠商，人員只能擔任丸紅的技術助手，且均須丸紅簽約和訓練後才能操作機具設備；第三，號誌、電聯車及月台門等系統異常仍持續發生，導致系統可用度未達系統整合測試階段所要求的百分之九十七・五標準，直達車和普通車的平均速率都未符合契約要求（直達車A1-A12平均速率須達時速六十公里、普通車A1-A12須達時速四十五公里），以及直達車A1-A12行車時間也未達合約要求三十五分鐘以內。從工程技術層面來看，要趕在次年三月底通車，實在是超越工程理性的不可能任務。

◆配合啟動營運前運轉測試

高鐵局依據前述所簽訂的「機場捷運興建及營運合作事項備忘錄」，隨即發函給桃捷公司，宣告營運前運轉測試（PRSR）將於二〇一五年九月九日啟動。對此，桃捷公司表達，依照八月五日「交通部與桃園市雙首長就機場捷運建設會談」之結論，所有核定程序需「按部就班」進行，希望先完成系統整合測試後再啟動營運前運轉測試。鄭文燦市長認為，雙首長會談上大家已有共識，要以「安全無虞、系統穩定」為前提，一起努力克服問題並儘速通車，因此指示桃捷公司，配合高鐵局於二〇一五年九月二十三日正式啟動營運前運轉測試的相關作業。

營運前運轉測試（PRSR）的啟動，代表著機場捷運通車營運前的準備工作可以向前邁進。依據大眾捷運法第十五條第二項「路網全部或一部份工程完竣，應報請中央主管機關履勘；非經核准，不得營運。」，也就是說，機場捷運要正式營運通車，必須報請中央主管機關交通部辦理履勘，且須通過履勘並經交通部核准；但是，在報請交通部辦理履勘之前，仍須完成所有的營運前準備事項，主要包括系統整合測試、營運前運轉測試（含穩定性測試）、營運模擬演練、系統驗證與認證（Verification and Validation, V&V）及初勘等。

再者，有關營運前準備事項的權責分工，交通部高鐵局於二〇一四年三月所訂定的「機場捷運營運前準備計畫」中已劃分清楚，其中營運前運轉測試（含穩定性測試）是由高鐵局捷工處主辦，台北捷運工程局和桃捷公司協辦；營運模擬演練是由桃捷公司主辦，捷工處和北捷局協辦；其他準備事項的權責分工也都律定的相當清楚。

營運前運轉測試（PRSR）正式啟動後，桃捷公司即全力配合高鐵局捷工處執行PRSR測試演練，但是直到二〇一五年十二月，四十六項測試中僅完成三十三項測試，執行通過率只有百分之七十二；在此同時，桃捷公司和軌道監造也發現全線鋼軌墊片破

◎ 主辦 ○ 協辦

權責單位	報核及核定地方法規	完成人員訓練及進駐	報核及核定規章、計畫及相關文件	確認土建、機電工程完竣	試運轉：辦理營運前運轉測試（含穩定性測試）	試運轉：辦理營運模擬演練	交付與接收機場捷運系統	辦理車站周邊交通改善	辦理營運中斷交通緊急應變計畫、客運路線調整	擬定核定運價、整合票證	完成至少包含機電系統之驗證與認證報告	報請初勘	辦理初勘，報請交通部履勘	辦理履勘，核准通車	辦理通車營運事項公告
交通部	◎													◎	
高鐵局		○	○				○				◎		◎	○	
捷工處		○	○	◎	◎	○	◎	○			○	◎	○	○	
北捷局			○	◎	○	○	◎	○			○	◎	○	○	
桃捷公司		◎	◎		○	◎	◎	○	◎	◎	○	◎	◎	○	◎
桃園市政府*	◎		◎				◎	◎	◎	◎		◎	◎	○	
臺北市政府 新北市政府								◎	○	○		○	○	○	

*桃園縣政府於2014年12月25日升格為直轄市桃園市政府。

資料來源：交通部高鐵局，2014年3月，臺灣桃園國際機場聯外捷運系統營運前準備計畫

■ 機場捷運營運前準備事項權責分工圖

裂數量多達七千多片，統計A17-A21區間的基板墊片破裂數量也多達二千多片。在上述這些實際情況下，桃捷公司持續反映並建議高鐵局，須請廠商儘速進場改善缺點，尤其是機電統包商丸紅必須要求下包商針對缺點限期改善，否則即使進行穩定性測試，也無法達到合格標準。

◆突如其來的說法

正當高鐵局捷工處偕同桃捷公司，殫精竭力地執行營運前運轉測試的同時，媒體披露行政院公共工程委員會於十二月三十一日發函交通部，建議交通部依據

政府採購法第七十二條第二項：驗收結果與規定不符，而不妨礙安全及使用需求，亦無減少通常效用或契約預定效用，經機關檢討不必拆換或拆換確有困難者，得於必要時減價收受。公文中說明，奉院長二〇一五年十二月二十五日批示：「請積極妥處」。新聞露出後，引發外界質疑行政院是否罔顧安全，為了趕機場捷運能在五二〇馬政府卸任前通車？[4]

接著，二〇一六年二月三日，行政院在面對媒體追問機場捷運能否於三月底通車時，回應媒體：「小孩我們生下來是桃捷養，如果桃捷不願意養，我們生下來也沒用」，決定通車期程「完全尊重桃捷公司決定」。[5]對於行政院的這項說法，桃捷公司為了澄清無法於三月底通車的關鍵不是桃捷公司，而是系統的可用度根本尚未達標，且桃捷公司一再向高鐵局及承包商反映的設備問題都沒有具體改善，因此，桃捷公司在經過兩個星期的考慮和評估後，為了釐清權責關係和系統測試現況，只得公布各種測試過程中所出現的實際異常問題。

從營運前準備事項的權責分工，營運前運轉測試（PRSR）過程中，所有的缺點都應該被承包商依契約修正改善，業主高鐵局也應該全力督促承包商達到主線正常營運的功能標準，除非業主可以接受運轉測試的現況，而接受現況就是「減價驗收」。事實上，二〇一六年二月當時的現況是：系統整合測試（IST）還有一項未通過，營運前運轉測試（PRSR）還有六項沒有通過。在這個現況下，高鐵局願意或能夠接受行政院公共工程委員會的建議，逕行向丸紅主動提出減價驗收嗎？

機場捷運能否通車是工程問題，不是政治問題；要解決通車問題，關鍵在於承包商的履約能力和業主對承包廠商的履約管理，以及雙方一旦發生履約糾紛時能否積極處置，而不是在既非業主、也非承包廠商的桃捷公司。對於二月三日行政院突如其來的說法，實在令人遺憾。

4 引自自由時報記者黃利祥、鍾麗華、邱奕統，二〇一六年一月二十七日，「減價驗收！政院硬要機捷『現況通車』」。新新聞，二〇一六年三月十六日，「為何機捷急著通車 毛治國給問嗎？」。遠見雜誌，二〇一六年四月一日，「51 公里耗 20 年 機場捷運通不了車」。

5 引自遠見雜誌，二〇一六年四月一日，「51 公里耗 20 年 機場捷運通不了車」。

其後，交通部於二〇一六年三月四日下午召開記者會對外宣布，因列車平均速率、行車時間及班距仍未達合約要求標準，營運前運轉測試（PRSR）仍有六項未完成、模擬演練及初履勘等重要作業亦尚未辦理，原定二〇一六年三月底通車之目標期程確定無法達成；交通部將不再明訂通車時程，而根據高鐵局的作業估算，可能是年底。記者會中，高鐵局也說明營運前運轉測試（PRSR）進度，四十六個測試項目，還有六項未完成，主要還是在核心機電統包標的問題，高鐵局多次要求承包商日本丸紅公司及號誌供應商英國西門子公司改善軟體問題，但直到昨天（三月三日）丸紅才派高階主管來台，並向高鐵局承諾，列車速度改善等問題，六月底可解決。高鐵局也表示，原希望桃捷公司能提早進行模擬演練，但當時的桃捷公司堅持運轉測試完全達標後，才會接手模擬演練。

至此，機場捷運預定通車時間六次跳票已成事實。對此，二〇一六年三月二十一日，立法院交通委員會邀請交通部長陳建宇、行政院公共工程委員會主任委員許俊逸率同所屬列席，就「臺灣桃園國際機場聯外捷運系統建設計畫辦理情形」提出報告，並接受質詢；同時也請桃園捷運公司、日商丸紅公司交通專案分公司代表列席備詢。報告及詢答完畢後，第九屆第一會期交通委員會第四次全體委員會議決議，針對本案通過兩項臨時提案。提案內容詳錄於下。

一、基於目前機場捷運之系統整合測試（IST）及營運前試運轉（PRSR）測試未能符合合約標準，高鐵局表示將與承包商丸紅進行相關提速及系統改善作業。為避免日後合約爭議，要求交通部及高鐵局應依據下列原則辦理：

（一）請交通部提出恢復合約速度改善時程表。

（二）在高鐵局及承包商未完成提速及系統改善並提出合理之測試計畫，以符合合約標準前，為維護系統正常化之列車運轉作為，皆不應列為合約中廠商必須完成之系統整合測試（IST）及營運前試運轉（PRSR）項目。

（三）目前系統尚不穩定，每天系統發生多次緊急煞車（EB），請高鐵局及承包商盡速提出改善方案，在初履勘前應解決系統不穩定之情況，其系統穩定性標準應符合捷運系統履勘作業要點之規定。

（四）因機場捷運通車時程延宕多次，導致桃捷公司於營運前產生虧損，交通部應向廠商求償。惟求償變數多，求償時程漫長，建請交通部研議編列預算給予營運前虧損補助。

二、有鑑於臺灣桃園國際機場聯外捷運系統建設，歷經十二年，六次延宕，至今仍未完工通車，其中負責機電系統承包商「日商丸紅株式會社」難辭其咎。爰此提案建議交通部依照政府採購法第一〇一條第一項第十款規定，將丸紅株式會社違反因可歸責於廠商之事由，致延誤履約期限，情節重大者，刊登政府採購公報停權一年。

第五節　監理調查委員會

二〇一六年六月下旬，我隨鄭文燦市長赴歐洲參訪荷蘭、法國及英國的智慧城市建設，在結束阿姆斯特丹行程、準備搭機飛往巴黎時，鄭市長突然找我談話，他說：因為何煖軒將接任華航董事長，你是桃捷公司的常務董事，就由你先兼任董事長。事出突然，我一時也答不上話，市長還開玩笑說，當董事長是好事，等一下到機場你要請大家吃午餐。當時我心想，好吧！就先代理兩、三個月，怎麼也沒想到後來自己參與機場捷運通車營運的緣分會如此之深。

返台後，七月五日經第二屆第五次常務董事會通過，我繼任第二屆董事長，任期至九月十二日，隨即我召開並主持第二屆第十一次董事會。此期間，我仍專任桃園市政府研考會主委。前一天七月四日，機場捷運監理調查委員會召開起始會議。

交通部成立「機場捷運監理調查委員會」，是依據立法院第九屆第一會期，交通委員會第二次全體委員會通過之臨時提案事項辦理。二〇一六年三月七日，立法院交通委員會邀請交通部長陳建宇列席報告業務概況，在報告及詢答完畢後，交通委員會全體委員會鑑於桃園機場捷運工程延宕多時，「為確保系統安全及測試結果的公正性，並降低民眾疑慮，爰此，要求交通部於一個月內組成獨立公開的專家監理調查小組，全面檢視機場捷運工程各項安全疑慮。」。由於二〇一六年五月二十日政黨輪替，監理調查委員會直到新任交通部長賀陳旦就任後，才正式成立。

◆交通部啟動監理調查

賀陳旦部長就任後，隨即於二〇一六年六月三十日成立「機場捷運監理調查委員會」，監理調查委員會的任務包括：一、檢視機場捷運目前各項測試辦理情形，及系統安全與穩定之評估驗證機制；二、檢視現階段影響機場捷運通車之議題及異常事件，並提出評估建議；三、檢視工程及營運準備辦理情形，並對後續通車提出建議。

在這個時刻，交通部啟動監理調查，對於未能及時解決廠商間的合約糾紛，導致系統運轉測試穩定性遲遲未達合約標準的困境，具有打開新局、重新整隊朝通車營運之路邁進的作用。賀陳旦部長在七月四日監理調查委員會起始會議時表達：

遵照立法院交通委員會要求全面檢視機場捷運工程各項安全疑慮之決議，交通部特組成「機場捷運監理調查委員會」，借重國內外工程、營運、法律等相關學者專家之經驗，期能提出獨立、公正、客觀之第三方處理建議，以供本部後續辦理系統改善、通車營運及合約處理之重要參考。

監理調查委員會設委員七人，交通部特別聘請江耀宗、郭清江、顏家鈺、顏玉明、黃建華、崔伯義、麥齊光等國內外機電、土建、營運及具執行國際標工程法學實務經驗的相關專家學者組成，並由江耀宗先生擔任召集人。

監理調查委員會另設技術諮詢小組，是由國內軌道運輸工程或營運的專家學者組成，分為土建組、機電組、營運組及合約組等四個分組，協助監理調查委員會，檢視及調查機場捷運系統的各項工程、營運、合約之問題及影響程度。技術諮詢小組成員有九位，包括土建組專家鄭國雄、楊漢生，機電組專家章台光、謝長安、鄭德發，營運組專家徐核朋、楊泰良，以及合約組專家蔡天和、孔繁琦。

監理調查委員會的運作是以會議討論方式進行，並以會議結論作為委員會之建議。委員會得依調查需要，請高鐵局、桃捷公司、桃機公司及相關廠商提出報告，並得檢視相關文件資料，必要時並得赴現場進行勘查；技術諮詢小組依委員會之要求時，亦同。委員會依據文件檢視或現場勘查之結果，並參考技術諮詢小組之初步建議，提出最終建議。監理調查委員會是以二〇一六年八月底完成最終建議為原則，並視需要提出期中報告。

在這個機場捷運建設計畫執行的關鍵時刻，投入監理調查工作的委員們，都有強烈的使命感和責任心，召集人江耀宗先生在後來提出總結報告時，表達了他的心情：

在社會各界一片質疑臺灣桃園機場捷運線的聲音之中，我接受了賀陳部長的邀請，擔任「機場捷運監理調查委員會」召集人一職。回想臺灣交通史上第一條捷運系統工程－木柵線，在一九九五年三月也曾經成立「台北市捷運木柵線體檢委員會」，個人有幸受邀為該委員會之委員，並擔任機電組召集人，而今年五月二十日之前的機場捷運線，與二十一年前的木柵線一樣，正面臨難以通車的困境！本著當年木柵線體檢委員會為木柵線釐出一

■ 2016 年 7 月 4 日　交通部機場捷運監理調查委員會起始會議（左起為麥齊光、顏家鈺、顏玉明、郭清江、賀陳旦、江耀宗、崔伯義、黃建華）

條通車之路的經驗，個人認為機場捷運監理調查委員會，也應該有機會幫機場捷運線，釐清社會大眾的疑慮，讓民眾早日享有通車之便，促成全民之福，因此接受了這項挑戰。

在委員會調查過程中，眼見機場捷運線內外困境交雜，內在困境包括廠商之履約不順、系統異常處理速度緩慢，外在困境包括法規的變更、營運單位對營運通車基準的認知差異、對營運通車配合事項的認同度差異等，這些問題都必須一一予以釐清、克服，並協調各個有關單位、承包廠商及分包商，尋求可以共同向前推動的方向。

■ 2016 年 7 月 4 日　監理調查委員會及技術諮詢小組至 A1 台北車站現場會勘

◆延誤通車的前置因素

經過近一個月的檢視文件、現場勘查及密集會議討論，監理調查委員會在七月三十一日提出期中報告，說明初步檢視影響機場捷運通車的事件，包括行車速率、行車時間及班距未達合約標準，軌道電路誤佔據（Right Side Failure, RSF），號誌無線電（Radio Transmission System, RTS）異常，轉轍器異常，軌道墊片破損，經高鐵局及桃捷公司雙方共同確認之異常項目，第三軌跳接線燒毀，電聯車打滑，埋置式軌道使用逾期的填充材（VA40），ME01 標廠商與高鐵局合約之爭議，以及測試期間備品不足等十一項。

截至監理調查委員會提出期中報告時，已有部分影響通車的事件項目完成改善或部分改善。包括：軌道墊片破裂已全部抽換完成；高鐵局和桃捷公司雙方共同確認的四千五百二十二件異常，改善到只剩下九百四十八件，並納入通車前改善議題；三十七處燒毀的第三軌跳接線電纜已完成更換；電聯車打滑事件已查出真因並進行改善；以及A13至A14a區間埋置式軌道使用逾期的黏著劑問題，承包商已進場改善，尚待第三方驗證及測試。

再者，監理調查委員會在期中報告中也指出，關鍵的核心機電問題仍待統包商和分包商積極改善，高鐵局向機電統包商丸紅公司所提出的五十七項已確認爭議案，四案已簽署合意仲裁協議書、一案聲請仲裁庭審理中，多數剩餘案件雙方尚未取得共識；另外，號誌系統測試期間已發生設備異常但備品來不及供應，且測試儀器、工具及人力亦無法滿足需求，應儘速提出解決方案。

除此之外，監理調查委員會也建議高鐵局和桃捷公司，為確認系統穩定性，以尖峰十二分鐘、離峰十五分鐘的全日營運班表，持續進行系統穩定演練，並依履勘作業要點之測試計算運轉及延誤時間，並提報演練結果；委員會也建議桃捷公司考量營運及維修所需列車狀況、符合未來旅運需求及營收成本等，並配合高鐵局的營運前運轉測試及桃捷公司的營運模擬演練，儘速提出滿足運量及維修需求之初期營運班表。

監理調查委員會在期中報告的結語中，對於機場捷運興建期間發生多項影響通車之事件、多次工期展延、也多次變更通車時間，提出兩項主要的前置因素，分別為立法院決議機電系統統包標應採「最低價格標」之決標方式，以及中央興建、地方營運所造成的隔閡。監理調查委員會分析：

本案建設計畫機電系統統包標係依立法院決議，採「最低價格標」之決標方式辦理。據過往的經驗，統包異質性工程以價格標決定的工程標案尚無法擇定最符合計畫品質需求的優良廠商。且最低價格標使建設計畫之契約執行單位與得標廠商間，處於問題將就處理及契約解釋彼此戒備之履約心態，以致無法從品質上管控，來達成高水準的計畫成果，此為計畫執行延宕之重要因素。

重大交通建設其興建單位在中央，與營運單位在地方，在溝通與權責上有制度缺陷，行政隔閡演變成相互抵制，使建設計畫之移轉過程涉及履約管理、工程界面、點移交、瑕疵改善、操作維修訓練、備品及保固等環節，皆難以順利施展。更須相關單位間充分耐心的溝通協調與相互配合，興建與營運的單位主管應有向通車目標共同努力之共識。

回溯來看，機場捷運建設計畫的總顧問中興工程顧問，曾建議高鐵局在機電標部分採最有利標方式決標，但立法院當時以「節省公帑、杜絕綁標」為由，要求採最低價格標方式決標。[6] 機場捷運機電統包標是標準的異質性統包標，最終是由丸紅、川崎和日立以二五四億九千萬元的最低價聯合承攬，其中川崎負責電聯車，日立負責供電系統，丸紅則包辦了其他六個機電標的子系統及兩個機廠的土建工程，也是此一統包標的代表法人，須負責系統的整合。

丸紅以二五四億九千萬元的最低價得標，比其他投標廠商的投標價低得相當多，但這對必須有非常強的專業系統整合的異質性統包標而言，就不見得是好事。業主高鐵局

6 同註5。

可能因最低價格標的決標方式，出現「逆向選擇」（adverseselection）的情形，得標廠商也將因「成本控制」的需求和壓力，產生履約上的道德風險；再者，看似成為最大贏家的得標者，將因未能充分履約或履約不完全，而須給付違約金或投入更多未預期的成本，陷入「贏家的詛咒」（winner`scurse）泥淖。不幸的是，這些年來丸紅的處境即是如此；但是，承受因這項前置因素所造成的損失和後遺症者，只有業主和承包商嗎？

再者，桃園機場捷運建設計畫是目前唯一由中央興建、地方營運的捷運系統，台灣未來可能也不會再有採取此一模式的捷運建設計畫。監理調查委員會認為，中央興建、地方營運容易產生行政隔閡，是導致機場捷運建設進度延宕的前置因素之一，從結果來看似乎是如此，但若能進一步深入探究和思考，也許可以發現更深沉的前置因素。

只有中央興建、地方營運才會產生行政隔閡嗎？誠如監理調查委員會顏清江委員所分享的經驗：「根據我們在北市木柵捷運線的經驗，捷運的建造和營運兩單位常常有對立的現象。……負責建造的單位希望趕快將建造成果交給營運公司，因為交出去後他們的頭痛或壓力就結束了。但是營運公司則認為如果接到一個不很完美的系統，將來他們就需要每天面對一大堆的問題，所以對他們來講，系統必須要儘量達到完美才能接手。」[7]郭清江委員將建設及營運單位之間的對立本質，實在描寫得入木三分。即使是同屬於一個地方政府的建設單位和營運公司之間，也會因立場及角色不同而產生行政隔閡，只是因為同屬一個地方政府管轄，溝通、協調與整合會比較容易；相較之下，機場捷運是由中央興建、地方營運，由於分屬不同的行政層級，在溝通、協調與整合上就顯得更為複雜和困難。

興建和營運單位分屬不同的行政層級，由於不對等的關係，就更加容易造成隔閡，且這種隔閡還是源自上層單位在法律及制度的優位，使得下層單位想突破隔閡也只能望著「天花板」興嘆。

二〇一五年下半年，隨著二〇一六年初總統大選即將到來，以及馬總統即將於五二〇卸任，當時我擔任桃園市政府研考會主委，並兼任桃捷公司的董事，在出席董事會會

7 引自機場捷運監理調查委員會，二〇一六年八月，《臺灣桃園國際機場聯外捷運系統建設計畫監理調查總結報告》第九章總結，五、補充資料「郭清江委員撰擬之『參與是一種福氣！』」。

■ 監理調查委員會第四次會議及第八次會議

■ 監理調查委員會赴 A13 站穿堂層及青山路緊急梯至 A6 站間橋軌面現場會勘

議時，都能感受到交通部和高鐵局對於通車的急迫性壓力，以及何煖軒董事長和陳凱凌總經理面對系統設備及各類工程缺失未能具體改善的擔憂與焦慮。

事實上，當時無論是高鐵局或是桃捷公司都很清楚，關鍵問題在於機電統包商丸紅與其分包商間，尤其是與負責號誌系統的下包商英國西門子公司（原為英國英維斯公司，後來被德國西門子併購）存在合約糾紛，造成主要的幾個機電系統設備故障維修和缺點改善都被嚴重擱置，進而導致系統整合測試和營運前運轉測試的結果，系統穩定性測試始終無法達到合約標準。即使問題的所在如此清楚，當時的行政院為了趕在二〇一六年三月底完成通車目標，甚至想朝主動提出減價驗收方向處理，而無視於未來接手營運的桃捷公司將要承擔多少營運風險。

◆監理調查的總結報告

監理調查委員會從二〇一六年七月四日起始會議，至二〇一六年八月二十七日總結會議日止，期間共召開十次委員會、七十九次技術會議。監理調查委員會在總結報告中確認，機場捷運延遲通車的關鍵因素，是因為統包商分包號誌系統的履約管理不當，以及相關單位溝通協調有待強化。監理調查委員會指出：「依照統包商的分工，號誌系統的設計工作將由廠商依契約要求自辦，但在實際執行過程，號誌的設計工作是由廠商違約轉包（高等行政法院二〇一五年十二月二十四日裁定原告廠商之訴駁回）給英國西門子（原稱英維斯公司），亦即實際的號誌技術是掌握在英國西門子手中，因此當測試過程有需要辦理修改作業時，就常因陷入丸紅與英國西門子間的契約糾葛而停滯不前，問題遲遲無法解決而延誤通車時程。」。

經委員會委員、技術諮詢專家密集開會及會勘，監理調查委員會的調查結果出爐，在總結報告中，分別就土建、機電、營運、合約、系統驗證與認證等，說明調查結果及提出建議。

土建軌道設施設置方面，埋置式軌道使用逾期填充材料，廠商改善後經第三方測試合乎要求，經評估在行車安全標準內，後續請高鐵局持續辦理材料疲勞測試；軌道墊片破損部分，有鑑於軌道墊片係絕緣材料，非結構元件，依據獨立技術評估專業機構提出之安全評估報告，經檢核目前軌道墊片破損狀況，並比對德國鐵路規範標準，認為在規範容許值範圍，評估其結果在行車安全標準內，後續高鐵局須督促丸紅，依據技術諮詢專家小組的建議，提出鋼軌墊片、基鈑墊片的更換改善計畫，於驗收完成前改善完成；依橋軌互制分析計算，檢核鋼軌軸向應力、鋼軌軸向應力加中度地震力影響等，均符合UIC規範等之規定，故採連續長銲鋼軌鋪設，可以不設置鋼軌伸縮接頭；由於機場捷運採無道碴軌道設計，亦無鋼軌挫屈之虞；工程檢查待處理事項部分，請興建單位務必於初、履勘前改善完成。

機電設備建置狀況及其穩定度方面，監理調查委員會對機場捷運的號誌及行車控制系統，包括自動列車保護（ATP）、自動列車監視（ATS）、自動列車運轉（ATO）、號誌聯鎖、道旁設備及車載設備等六項子系統進行瞭解，並分析出軌道誤佔據（RSF）、號誌無線電（RTS）及轉轍器異常等，是導致班表延誤的三項主要問題。為更進一步了解現階段系統可用度，技術諮詢專家小組的機電組，要求在八月二十日至二十二日期間，實施三日全日班表含行李托運系統之演練。演練結果可用度依序為百分之九十六・〇七、百分之九十九・二六、百分之九十七・八五，距可用度百分之九十九以上的標準雖不遠，但還需要克服號誌系統問題，才有可能達標。委員會建議後續應針對不明緊急剎車（EB）資訊判讀能力予以加強，並組成號誌故障緊急處理團隊，訂定相關標準作業程序，加強演練增加熟練度，相信系統穩定度會更加提升。

在營運方面，桃捷公司已完成規章程序及人員訓練授證，並已進駐所有場站熟悉系統，另亦在北捷公司顧問協助下，展開相關訓練及模擬演練作業，持續優化規章程序及強化人員訓練，於完成模擬演練後，即可達到履勘作業要點規定之營運要件，桃捷公司應已具備辦理通車營運之能力；監理調查委員會已協調桃捷公司，確認初期營運班表（尖12／離15）並展開穩定性測試及模擬演練等，克服先前因列車運行時間及速度未達合約要求，致使整體測試進度停滯不前的狀況。另外，機場捷運具有預辦登機及行李托運服務之特殊性，且為全國捷運系統中首次引進，因其實屬特殊營運模式，不同於一般傳統捷運系統，建議高鐵局會同營運單位，依據大眾捷運系統履勘作業要點第十三點，另定穩定性計算方式及基準，報請交通部核定。

有關合約方面，已協助高鐵局、廠商及桃捷公司，就實質完工之認定、維修責任及計價爭議等事項，予以釐清、達成共識，或做出原則性建議，廠商並認同契約一般條款

第十九・八條所定之「先行使用」為業主的權利，另就合約規定兩階段通車，但實際狀況則為一次通車乙節，雙方將先釐清是否屬可歸責於廠商因素，再就工期、估驗計價、主里程碑認定、提速、逾期罰款等爭議，依法依約加以檢討。

最後，在系統驗證與認證方面，機場捷運建設計畫在規劃初期，即考量納入第三方之系統驗證與認證（V&V）機制，後續並由 Ricardo 公司（前勞氏鐵路公司），依歐盟規範（EN50126）要求，辦理相關驗證與認證工作。後續為持續觀察桃捷公司及機場公司相關營運程序與規章之落實情形，經委員會之協調，桃捷公司與機場公司將持續配合 Ricardo 公司，進行相關評估與驗證工作，並配合桃捷公司啟動部分正式模擬演練，對營運人員操作及維修能力之展現進行觀察。在 Ricardo 公司對廠商所提安全證明足以支持商業運轉無異議，並對桃捷公司及機場公司現有營運安全作業程序與成果，以及符合 EN50126 相關標準之狀況下，Ricardo 公司將依大眾捷運系統履勘作業要點規定，於機場捷運初勘、履勘前，併同穩定性測試及桃捷公司的營運模擬演練的觀察結果，簽發系統驗證與認證報告。[8]

交通部於二〇一六年八月二十七日監理調查委員會總結會議後，隨即安排當天下午在機場捷運 A1 台北車站舉辦記者會，說明總結會議相關結論及建議。交通部長賀陳旦、桃園市長鄭文燦、委員會召集人江耀宗、委員郭清江、崔伯義、顏家鈺、顏玉明、黃建華、立法委員鄭寶清、陳賴素美等皆出席記者會。

記者會上，賀陳旦部長首先致詞表達：「從今年七月四日起始會議開始，監理調查委員會不負社會期待，在召集人江耀宗主持及全體委員、專家本於專業，熱心參與及奉獻之下，能在短短的兩個月內召開數十次的會議及現場勘查工作，完成調查並提出具體的建議，讓機場捷運建設計畫得以實質地朝通車營運之路邁進，特表欽佩及感謝。」。

召集人江耀宗在說明總結會議結論前，代表監理調查委員會表達：「除了感謝所有委員與專家，及各個受檢單位與承包廠商外，特別感謝交通部及社會各界給予調查委員

8 整理自機場捷運監理調查委員會，二〇一六年八月，《臺灣桃園國際機場聯外捷運系統建設計畫監理調查總結報告》。

會充分的空間，讓委員會得以秉持獨立、公正、客觀的第三方立場，進行本案監理調查工作。在此也要表達委員會一致的努力目標與期待，希望機場捷運線就此撥雲見日，在委員會所協助建立的溝通、協調氛圍下，接續由中央與地方間共同的運作平台持續督導，在機場捷運團隊目標一致與互相配合下，早日通車營運，以符合社會大眾之期望。」

交通部根據監理調查委會總結會議之結論，在記者會現場也提供新聞稿，主要內容如下：

經委員會歷經多次委員會議及各分組會議討論，與承商、興建及營運單位充分交換意見，並配合現場勘查、查訪後，確認「影響通車之事件已見收斂，核心機電系統穩定性逐漸提昇，也展現出令人欣慰的佳績，興建及營運單位已展現合作契機」。基於公共利益的考量，委員會建議機場捷運目前應朝通車方向積極推動。惟，後續仍須放寬過去思維，採取務實與彈性作法，希於獨立之安全驗證程序後，再通過履勘作業要點之七天穩定性測試。營運單位經由這些程序，持續進行班表演練，讓系統穩定性更加提昇，並增進操作人員之信心，期望在機場捷運團隊目標一致與互相配合下，完成營運通車準備，俾能早日提供便捷之機場捷運服務。

鄭文燦市長在記者會上致詞時，首先感謝監理調查委員會的所有委員及專家，以公正、客觀、獨立的第三方，經過兩個月的密集檢視，將各項缺失系統化收斂，改善方案也清楚擬定。鄭市長在記者會上特別強調，機場捷運建設「爭議已經過去，方便會留下」。當天鄭市長的致詞內容，桃園市政府新聞處在記者會後整理並發布新聞稿，主要內容如下：

鄭市長也提出總結報告的三項進展，第一、安全沒有重大疑慮；第二、穩定性已大幅提升，但仍要繼續提升；第三、驗收不打折扣。就「安全無重大疑慮」部分，鄭市長指出，委員會的調查報告，已確認機場捷運安全性已無重大疑慮，但仍有些許缺失待改善，承包商丸紅公司與所有協力廠商，仍必須負起合約責任，協助交通部高鐵局與桃捷公司將所有缺失改善完成。

其次，就「系統穩定性不斷提升」部分，鄭市長表示，機場捷運的穩定性已經逐漸改善，目前平均的穩定性已經到達百分之九十八，未來要朝向百分之九十九的標準邁進，達到目標，才能通車營運，這個標準不會改變。

第三、鄭市長強調「驗收不打折扣」，鄭市長說明，模擬演練、通車運轉、完成驗收是三個不同階段，機場捷運的驗收，必須依照履勘作業要點、合約相關規範、大眾捷運法規定，「沒有放低標準、沒有放鬆標準」，負責驗收的交通部高鐵局也會依此標準進行驗收，標準並未改變。至於班次間隔，機捷系統必須有依合約規範的運載能力，而桃捷公司也以初期旅運需求及規模，實際擬定營運策略，確定發車班距，「安全無虞、系統穩定、儘速通車」是唯一原則。

鄭市長說，交通部監理調查小組及高鐵局指示的模擬測試運轉方案，桃捷公司將會執行，發班班次以穩定性為基準，必須到達百分之九十九的門檻。但是，驗收標準仍然必須到達合約標準六分鐘發車一班的門檻。同時，通車前，桃捷公司的人力及作業規範，必須通過 V&V 驗證機構 Ricardo 的驗證作業，才能達到通車門檻。

依據監理調查委員會在總結會議中的建議，為妥適處理調查委員會所提各項建議及可能影響通車因素，交通部擬定「機場捷運營運推動專案計畫」，以利各項議題之掌握與有效處理。交通部與桃園市政府共同成立「機場捷運營運推動專案小組」，由交通部政務次長王國材和桃園市副市長王明德共同主持會議，邀請監理調查委員會專家及桃園市政府所建議之專家共同與會，本專案小組於二〇一六年九月七日召開起始會議，並於同年十二月六日完成，共召開七次會議，歷次會議中就監理調查委員會總結報告建議之通車前應改善事項、系統穩定性測試、營運模擬演練及獨立驗證與認證報告等工作，持續提出改善建議及追蹤管控。

監理調查委員會總結報告的記者會之後，有公共行政學界的前輩問我：媒體有報導，質疑是不是政黨輪替，顏色對了，機場捷運就可通車？顯然，即使具有專業政策分析能力的學者，也不免受到媒體報導的影響。機場捷運通車的決策，遭外界質疑新舊政府的態度不一樣，當時的交通部政務次長王國材曾簡要的回應，是新舊政府處理問題的「積極度」不一樣。

我試著用公共政策的學理回答這位前輩的問題。我的觀察是，馬政府時期沒有針對前述的關鍵問題，積極處理高鐵局與丸紅、丸紅與英國西門子的合約爭議，並力促英國西門子等下包商能夠及早進場改善缺失，反而認為問題是在桃捷公司不配合營運前的試運轉測試和營運模擬演練，這可能是犯了典型的「第三類型錯誤」，是決策者發生了問題認定上的錯誤，於是用自認為正確的手段來解決錯誤建構的問題。學界前輩聽了點頭表示理解，卻又笑著對我說，也許不是決策者真的發生了問題認定上的錯誤，也可能這樣比較能夠輕鬆的交代過去。

■ 2016 年 8 月 27 日　監理調查委員會總結會議

■ 2016 年 8 月 27 日　監理調查委員會總結會議

■ 2016 年 8 月 27 日　監理調查委員會總結會議後，於 A1 台北車站舉行記者會，賀陳旦部長致詞

■ 2016 年 8 月 27 日　監理調查委員會總結會議後至 A1 台北車站召開記者會，江耀宗召集人、鄭文燦市長致詞

第二章 克服萬難拚通車

唯有面對問題，才能解決問題。交通部成立的「機場捷運監理調查委員會」，確實發揮獨立、公正、客觀的第三方角色及功能，除了釐清影響機場捷運通車的相關議題及異常事件，並協調和促成高鐵局、承包廠商及分包商、桃捷公司等相關單位重新凝聚共識，共同面對關鍵問題、合作解決問題，一起朝通車的方向奮力推進。

第一節　積極處理關鍵問題

在這裡，我舉幾個二〇一六年五二〇後，新政府積極處理機場捷運關鍵問題的故事，希望大家能夠更加理解機場捷運通車的歷程。如前所述，機場捷運通車的關鍵是在穩定性測試，穩定性測試要達標，就必須克服號誌系統的缺點，而號誌系統技術是掌握在丸紅的下包商英國西門子手上；問題是，英國西門子在號誌系統工程完成後，丸紅可能因為缺乏捷運機電系統統包商的經驗，未待營運前運轉測試完成，就讓英國西門子報了實質完工，以致丸紅後來要求英國西門子進場改善號誌缺點，因條件談不攏而遲遲不願意進場。

監理調查委員會發現，如果不處理丸紅和英國西門子之間的問題，業主高鐵局再怎麼要求丸紅履約，也只是緣木求魚。於是郭清江委員建議丸紅：「既然丸紅已經給英國西門子實質完工，就應該立即啟動保固期，要求他們儘快派工程師來這裡，和我們的人肩並肩一起解決問題，如果兩年的保固到期，就再延長保固期限，雖然需要多花錢，但或許能保護丸紅的名譽。」。[1]

後來七月三十日監理調查委員會的雙周會議上，英國西門子的人員終於出現與會，並表達英國西門子在台灣的執行長 Erdal Elver 希望在八月二日能夠拜會委員會，以及八月四日英國西門子的執行長 Paul Copeland 也將來台拜會。八月四日英國西門子執行長 Paul Copeland 一行人，與監理調查委員會委員及高鐵局局長胡湘麟，在位於新北市新板特區的高鐵局會面，Paul Copeland 表示會全力支持台灣桃園機場捷運的工作。

次日，八月五日中午，英國西門子執行長 Paul Copeland 和台灣的執行長 Erdal Elver 一行九人，也到桃園市拜會鄭文燦市長，西門子台灣分公司的專案協理 Matthew Bown 簡報西門子在機場捷運工程的近況。鄭市長表示了解英國西門子和丸紅公司的合約情況，但期待西門子在兩年的保固期內，做好故障排除，將號誌系統問題徹底收斂。

英國西門子執行長 Paul Copeland 來台拜會後，隨即從英國指派工程經理和工程師參與監理調查委員會的兩個小組會議，一個是深入探討號誌系統設計理念的技術問題，另一個是解決每日行車與號誌系統相關的問題。郭清江委員認為，這兩個小組會議除了加速各不同領域問題的收斂外，也因為當面溝通，減少不必要的誤會，並增進機場捷運團隊合作、一起解決問題的良好氛圍。我個人的觀察，賀陳旦部長積極成立機場捷運監理調查委員會，並且找到在專業領域深受尊敬的委員，在他們的努力下，重新凝聚了業主高鐵局、機電統包商丸紅、包括英國西門子的各分包商，以及營運單位桃捷公司，大家都放下本位、共同努力克服各種工程技術上的問題。

英國西門子指派工程技術專家來台進行技術指導，積極參與各項技術會議的討論，釐清關鍵問題並提出解決方案，確實使得機場捷運系統的可用度大幅提升，但是面對通車前的穩定性測試能否達標，以及未來在營運初期如何確保系統的穩定性、準點率及旅客的服務品質，桃捷公司仍面臨極大的挑戰。二〇一六年九月十三日，我正式接任董事長，正為前述公司所面臨的挑戰而操心時，高鐵局來了一通電話，讓我感到似乎有機會克服這些關鍵而棘手的問題。

高鐵局電話聯絡，交通部為促進我國與德國在空運、海運及軌道技術的交流合作，賀陳旦部長將於九月十八日率團赴德國考察，行程中也有安排拜會德國西門子公司，因

1 引自機場捷運監理調查委員會，二〇一六年八月，《臺灣桃園國際機場聯外捷運系統建設計畫監理調查總結報告》第九章總結，五、補充資料「郭清江委員撰擬之『參與是一種福氣！』」。

此部長希望我能夠一起赴德國考察。我立即表示感謝部長的邀請，同時也著手準備與西門子公司會談的資料。

準備會談資料的時間不多，所幸高鐵局捷工處和公司維修處的同仁，先前已經開過多次的技術會議，很快的就整理出會談的三個重要議題，且全部聚焦於關鍵的號誌系統議題，包括請西門子公司提供號誌系統人員進階訓練課程、協助解決號誌系統備品的採購，以及於保固期間提供號誌系統技術人力的專業支援。

交通部德國考察團於九月十九日清晨抵達法蘭克福機場，上午參觀機場及拜會法蘭克福機場管理公司（Fraport），中午在機場簡單用餐後，隨即搭機飛往此行的目的地柏林。九月二十日上午參加每兩年舉辦一次的「柏林國際軌道及交通運輸設備展（InnoTrans）」的開幕式，其後三天，我們大部分的時間都在這個全球最大的軌道交通產業展覽場參訪。與德國西門子公司的會談有兩回合，分別是在九月二十日的傍晚和九月二十一日的午前，進入會談室時我注意到英國西門子的主管也在，這是好事，可以更直接溝通。會談中，有關我們提出的議題，會談紀要如下：

首先在號誌人員進階訓練的議題，我們向西門子表達，自機場捷運號誌系統測試以來，常有不明原因導致電聯車緊急煞車（EB），希望英國西門子公司儘快改善各項缺失，以達到通車之目標；另一方面，為提升桃捷公司維修人員的除錯能力，希望西門子公司可以提供更精進的訓練，以利後續異常紀錄之分析並增進故障排除之能力。英國西門子公司於會中友善的表達，願意免費提供原廠相關進階訓練課程給桃捷公司，藉此進行技術移轉，培養公司維修種子教官。

其次，對於號誌系統備品採購的議題，我們向西門子說明，基於目前測試運轉及未來營運的需求，當系統因設備故障而發生異常時，都應該即時更換或修復，以避免影響系統的可用度和穩定性，充足的號誌系統備品十分重要。目前無論是丸紅公司採購中、或是桃捷公司預定採購的備品，都面臨到採購單價偏高且交貨期過長的情況，丸紅目前採購的備品約需三十六週才能抵台。西門子公司於會議中回應，願意縮短西門子內部作業時間，並再次澄清雙方之前有認知上的誤差且受匯率影響，才會導致報價偏高，西門子公司願意重新提供報價。

最後，有關保固期間內號誌技術人力專業支援的議題，我們向西門子公司表達，由於西門子在桃園機場捷運專案僅負責設備提供、部分安裝指導及部分測試指導；保固期

■ 2016 年 9 月　交通部組團赴德國柏林參訪考察「柏林國際軌道及交通運輸設備展」

間則由丸紅公司負責故障檢修工作，西門子僅進行故障元件之修復，並不會參與實際的故障排除作業，屆時若遇到軟體或韌體上的異常，或是故障原因不明，就可能面臨故障發生卻無法即時處理的窘境；為使桃園機場捷運營運不中斷，並提升號誌系統可靠度及穩定度，建議在保固期滿前，請西門子持續派員參與，並維持緊急工班待命作業。另外，依據原專案合約所提供的維修人員基礎訓練，僅接受線上設備模組更換的基礎訓練課程，若遇故障僅能進行整組替換作業，既無效率又耗時，且營運後受夜間維修作業時間之限制，恐有影響隔日正常營運的疑慮，請西門子增辦相關零組件更換之教育訓練，可有效於短時間內提升同仁維護經驗，亦可同時進行維修技術移轉之訓練，更進一步優化相關零組件更換操作程序。針對這項議題，西門子表達願意評估相關技術支援配套方案，於保固期間內，指派原廠專業維修人力進駐號誌各子系統，提供必要的協助，並安排相關子系統進階訓練課程。[2]

這次會談所獲得的成果，超過我們原來所預期；同時，我也理解到賀陳旦部長的邀請和安排，是希望負責機場捷運興建的高鐵局與負責營運的桃捷公司，一起出席會談、共同向西門子清楚表達問題與需求；另一方面，由於台灣的交通部長親自率團並與會，我們才可能與德國西門子的高層直接會談，提出的重要議題也才有機會在會談中獲得正面和具體的回應。這次柏林會談的成果，對於後來機場捷運營運前運轉測試及通車後營運初期的系統穩定性，有很大的助益和深遠的影響。

2 桃園大眾捷運股份有限公司，二〇一六年十二月六日，「二〇一六年交通部德國考察報告」。

■ 2016 年 9 月　交通部部長賀陳旦親自率團赴德國柏林考察

第二節　通過系統穩定性測試

依據交通部核定高鐵局提報的「機場捷運營運前準備計畫」，機場捷運須通過系統整合測試（IST）、營運前運轉測試（PRSR）、系統穩定性測試、營運模擬演練、系統驗證與認證（V&V），以及初勘和履勘，方能正式營運通車。

另依「大眾捷運系統履勘作業要點」第六點第一項之規定，大眾捷運系統初履勘之要件，應提出依未來系統通車初期營運班表連續七天以上之試營運報告，且須符合下列要件：（一）系統可用度達百分之九十九以上，且延誤五分鐘以上事件不得超過兩件；（二）平均列車妥善率達百分之九十以上（計算公式：平均每日尖峰可用車組數除於平均每日全車隊車組數）；（三）系統啟動正常，且不得有發車失敗之情形；（四）不得發生造成全線或區間單、雙向營運中斷之系統性故障事件；（五）如為無人駕駛系統，不得於正線發生改採手動駕駛列車模式之情形。

機場捷運為有司機員配置之系統，所以僅須符合前列四項要件，即可通過系統穩定性測試。經監理調查委員會的協調和建議，高鐵局和桃捷公司雙方同意，以尖峰十二分鐘、離峰十五分鐘為班距，直達車、普通車交替發車的方式作為營運初期班表，並以此班表進行系統穩定性測試；再者，系統穩定性測試採全線測試，於A1台北車站至A21環北站間進行，採直達車及普通車混合營運方式，直達車由A1台北車站至A13機場第二航廈站，普通車由A1台北車站至A21環北站。

監理調查委員會運作期間，曾經為了瞭解當時的系統穩定性，於八月二十至二十二日期間進行全日班表含行李托運系統的演練，結果三天平均的可用度接近百分之九十八。監理調查委員會認為，機電統包商和號誌系統分包商能夠積極進場改善缺失，已發揮提升系統穩定的效果，但是仍然需要加強不明原因緊急煞車（EB）的判讀，以及與號誌系統相關的故障排除能力。距離達到可用度百分之九十九以上的標準，看起來似乎只有一步之遙，但是要連續七天達到百分之九十九以上的系統可用度，且延誤五分鐘以上事件不得超過兩件，在當時誰也沒有把握，只知道一定要不斷找出關鍵問題所在，努力將系統缺點逐一改善，才有可能達標。

機場捷運自二〇一六年八月二十七日啟動系統穩定性測試，期間歷經六次未達標，在高鐵局與桃捷公司合作努力持續精進下，終於在二〇一六年十一月十四日至二十日間達標，測試結果系統可用度已達百分之九十九．五二，且延誤五分鐘以上事件僅有一件，平均列車妥善率並達到九十三．四一。

在測試期間，由高鐵局捷工處、機電廠商代表和桃捷公司共同主持「穩定性測試檢討會議」，每周二及周四在行控中心會議室開會，共同確認測試數據及缺失改善狀況；另外，由於行李處理系統異常問題也需要共同解決，負責這項子系統的桃園機場公司也參與測試檢討會議。工作團隊也確立一個測試原則，即每一次測試只要確認無法達標，就先停下來針對缺失進行五至七天的維修維護，然後再繼續新一回合的測試。

我記得在第五次測試時，三天跑出平均可用度百分之九十八．六四，可惜發生兩次延誤五分鐘以上的事件，只能再次暫停測試；這一天已經是十月十六日，如果再加上一周七天的維修維護，距離八月二十七日啟動測試的日子將屆滿兩個月，測試團隊開始出現矛盾和焦慮的心情。經過測試團隊的討論，決定放下時間的壓力，針對歷次測試所出現缺失頻率較高的號誌問題，以及電聯車自動駕駛（ATO）故障和號誌無線電（RTS）傳輸異常等問題，實施十五天的故障排除和設備維修維護。經過這次加強版的維修維護，第六回合的測試進行到第六天，平均可用度已達百分之九十九．一八，但非常可惜的是，又發生延誤五分鐘以上事件超過兩次，測試團隊雖然感到扼腕不已，但對於達標的信心已經大增，於是大家捲起袖子，再度認真投入維修維護的工作，並積極備戰第七回合的測試。

機場捷運第七次的系統穩定性測試是在十一月十四日啟動，第一天就跑出可用度百分之九十九．五四的好成績，第二天更完美的達到百分之百的可用度，接著第三天至第六天的可用度也都在百分之九十九以上，大家的心情都很亢奮，覺得就要攻頂了。測試來到第七天，首班車如常的從早上六點發車，我記得那一天是星期日，時間突然變得很緩慢，雖然直到中午列車都沒有發生延誤事件，我的心情卻是相當緊繃。

擔任專任董事長兩個多月來，時時盯著手機看行車狀況，分析和檢討系統測試的數據，等待測試的結果，已經成為習慣。下午四點零四分，行車異常群組回報，A7體育大學站號誌系統出現軌道電路異常佔據，延誤時間五分四十六秒，計入延誤五分鐘以上事件一次。這一刻，雖然沒能看到測試團隊成員們的反應，但大家都在同一群組、同一時間收到訊息，料想大家的心情和我一樣的緊張。當下，我決定開車到公司附近的青埔散散步，讓心情能夠放鬆一些。

傍晚五點五十四分，行車異常群組又回報，A17領航站二月台號誌無線電（RTS）異常、緊急剎車作動，延誤行車時間二分二十四秒。這時，我正在A18高鐵桃園站，心裡祈禱著：千萬不要再出現一次「五上延誤事件」。過了約莫十分鐘，我接到高鐵局胡湘麟局長的電話，他說：「劉董，今天是穩定性測試的第七天，傍晚發生號誌系統異常五上一次，接下來幾個小時很關鍵……」。胡局長的語調雖然跟平日一樣的平穩，但還是聽得出他的緊張和擔心。結束電話後，我決定到青埔機廠內的行控中心，心想：即使再發生行車異常，在行控中心可以掌握第一時間的狀況，總是好過被動接收訊息的通知。幾分鐘後，胡局長再次來電，重複了他前一通電話中所關切的事，我告訴他：「我快到行控中心，我會親自坐鎮，直到完成穩定性測試。」。胡局長聽完後，總算放心地掛了電話。

晚間六點多，我進入行控中心的控制室，七位值班同仁專注地值勤，主任控制員張德旺跟我打了個招呼，便又端坐在自己的席位，緊盯著路線控制、列車控制、電力控制及環境控制各個席位的執勤狀況。為避免干擾值班同仁的執勤，我待在控制室後方的會議室，隔著透明玻璃窗，盯著看全線列車運行全景顯示系統的面板，時間一分一秒的過去，控制室很平靜，值勤的同仁沉穩熟練地控制著系統，全景顯示系統上的列車代碼燈號，在上行、下行的軌道路線上，依序且規律的流動著。

晚間九點左右，陳宗義副總經理也來到行控中心，我們一起看著全景顯示系統上的列車運轉狀況，並觀察執勤同仁的作業情形。陳副總大概察覺到我緊繃的心情，特意跟我聊一些桃園地方上的趣聞，這確實讓我的心情放鬆許多，也覺得時間過得比較快，陳副總還開玩笑的說，可能我們兩個的八字重，坐鎮行控中心後都沒有再出現列車延誤事件。

當控制室的電子時鐘顯示22：50時，控制室內的氣氛開始起了變化，值班的同仁陸續從座位上起身，我和陳副總也進入控制室，站在控制台後方觀察德旺指揮23：00末班車的發動，執勤同仁屏息、沉穩地操作系統，這幾分鐘時間是以秒數來過的。當末班車成功發動後，原先一直表現得十分冷靜的執勤同仁們，終於也激動的出聲歡呼，我們一起鼓掌慶祝這個等待多時的關鍵時刻。機場捷運在二〇一六年十一月二十日成功通過系統穩定性測試。隨即，我先後打了電話，分別向鄭文燦市長、胡湘麟局長報告這個好消息。

■ 2016 年 11 月 20 日　成功通過系統穩定性測試，劉坤億董事長、陳宗義副總經理與行控中心同仁合影

第三節　完成營運模擬演練

二〇一六年九月一日，桃捷公司依據「試運轉營運模擬演練計畫」，啟動模擬演練作業。營運模擬演練的主要目的，是為了驗證營運公司能夠依據緊急應變處理程序，鍛鍊第一線人員在各種異常狀況（災害）發生時，具備臨危不亂處理各種事故的能力；如果演練過程尚有改進之處，則由演練負責人及各單位觀察員討論認定後，安排再次執行加強演練，以確保演練成果之有效性，並期望在未來營運通車後，提供穩定、可靠及優質的服務外，更能夠確保旅客的安全。

營運模擬演練的劇本是從六十四項個別演練項目中，研擬事故發生的連貫性，發展出二十六項整合模擬演練項目，並於各整合模擬演練的題目中，因應各演練項目於不同地點發生之不同狀況，再設定出四種不同情境來進行演練，桃捷公司總計執行一〇四場次的整合模擬演練，以及四項多重災害模擬演練。例如，二〇一六年十一月十一日模擬列車行駛中故障冒煙，民眾下軌道進站疏散，並即時啟動行李運送中斷接駁作業。再如，二〇一六年十一月二十五日於 A12 機場第一航廈站，模擬旅客爆發激烈爭吵、縱火及傷害其他旅客等多重災害模擬演練，此次共動員一百多名同仁及捷運警察、當地消防單位、機場公司人員共同辦理；本次模擬演練，交通部政務次長王國材與鄭文燦市長均到場視察。

桃捷公司於二〇一六年十一月二十九日，總計完成一〇八場次營運模擬演練，其中多重災害模擬演練經第三方驗證與認證公司 Ricardo 審查相關資料，表示演練內容均為適當且成功；其後，於二〇一六年十二月一日由 Ricardo 公司提送系統驗證與認證報告，十二月二日簽署出具系統驗證與認證證明書，確認機場捷運已具備「大眾捷運系統履勘作業要點」之規定，可辦理初勘的各項要件。

進行系統穩定性測試及營運模擬演練期間，桃園市議會議長邱奕勝於二〇一六年十一月二日率同四十多位議員，視察桃園機場捷運，鄭文燦市長也率領市府主管全程陪同，並由桃捷公司向市議員說明機場捷運系統缺失改善情形。邱議長在視察行程結束前表示：「經過這一趟試乘，他對桃捷營運的安全穩定有信心，從親自搭乘的體驗中，感受到最實際的信任，他鼓勵桃捷公司全心投入，儘快準備好所有工作，把大家辛苦努力打拚的血汗成果展現出來，順利通車服務鄉親，提供地方交通升級，生活更繁榮方便。」[3]

十一月二十一日，系統穩定性測試通過的次日，交通部長賀陳旦與鄭文燦市長連袂視察A1台北車站行李作業系統的運轉情形。桃捷公司為準備即將營運通車服務旅客，於十一月二十九日至十二月九日期間，特別聘請中華航空公司客艙事務長，為第一線站務人員進行儀態及服務訓練。

隨著通過系統穩定性測試、完成營運模擬演練及取得系統驗證與認證，加上桃園市議會、桃園市政府及交通部長官陸續前來視察，桃捷公司的所有主管和員工，都強烈感受到正式營運通車的日子即將到來。

3 引自桃園大眾捷運股份有限公司，二〇一六年十一月二日發布之新聞稿，「桃園市議會視察桃園捷運運行狀況」。

■ 2016 年 11 月 25 日　於 A12 機場第一航廈站執行多重災害模擬演練，交通部政務次長王國材與鄭文燦市長均到場視察

■ 2016 年 11 月 2 日　桃園市議會邱奕勝議長率同四十多位議員視察桃園機場捷運，鄭文燦市長全程陪同

第四節　取得交通部營運許可

機場捷運在迎接正式營運通車前，仍須通過初勘及履勘的考驗。依據大眾捷運法第十五條第二項：「路網全部或一部工程完竣，應報請中央主管機關履勘；非經核准，不得營運。」另依據大眾捷運系統履勘作業要點第二點第一項：「大眾捷運系統之建設，由中央主管機關辦理者，於報請交通部履勘前，應由主辦工程建設機關（構）所屬工程局（處、所）及營運機構報請主辦工程建設機關（構）自行辦理初勘。」作業要點第二點第三項：「報請初勘或履勘時，如工程建設及營運由不同機關（構）辦理時，由工程建設機關（構）主辦，營運機構協辦。」為辦理初勘、履勘，高鐵局、交通部分別訂定了實施計畫。

◆通過初履勘

高鐵局為辦理初勘，邀請機場捷運沿線地方政府、桃捷公司、桃園機場公司及所屬捷工處，召開四次初勘準備工作協調會，確認已完成各項土木建築機電工程、系統穩定性測試報告、營運模擬演練報告、系統驗證與認證報告、各項營運規章、營運所需之人員均已進駐等事項，且已具備「大眾捷運系統履勘作業要點」規定可辦理初勘的各項要件，由高鐵局聘請十八位相關領域專家學者組成初勘委員會，於二〇一六年十二月三日至四日展開初勘作業。

初勘檢查方式分為資料文件檢視、現場實地勘查、測試及狀況模擬處置等。初勘委員先就有關工程施工、測試及營運規章等資料文件檢視，隨即前往機場捷運重要轉運與端末車站，以及青埔機廠和行控中心，就車站設施設備、維修基地設備、軌道、機電及行李處理設備、轉乘設施、逃生設施與長陡坡等實地勘查、測試，並於列車行駛A7體育大學站往A6泰山貴和站途中，模擬發生人為縱火，同時發生斷電致使列車失去動力，以滑行方式進入泰山貴和站，進行列車旅客疏散的情境演練及應變處置順利完成後，由初勘委員會共同討論並提出初勘結果報告。

初勘結果計有：履勘前須改善事項十二項，一般注意改善事項四十九項，後續建議事項四十二項；其中，履勘前須改善事項必須經委員複檢且通過後，才得依程序報請交通部辦理履勘。

行政院林全院長關心機場捷運進展，也於二〇一六年十二月十日下午，在賀陳旦部長、鄭文燦市長陪同下，視察機場捷運建設，實地體驗預辦登機及行李托運服務，由A1台北車站搭乘直達車至A13機場捷運第二航廈站，林院長期許高鐵局及後續接手的桃捷公司，儘快依初勘結果完成改善，依法辦理履勘，中央地方攜手，早日達成通車目標，迎接機場捷運時代。

此期間，經高鐵局要求所屬捷工處及相關施工單位，會同營運單位桃捷公司、桃園機場公司，針對履勘前須改善事項辦理完成後，於二〇一六年十二月十五日報請辦理履勘。同一天上午，新北市議會議長蔣根煌也率議員和里長等一百多位鄉親，參訪機場捷運線，他們肯定列車搭乘起來舒適、平穩，沒有外傳的「毛病一堆」。桃園市議會議長邱奕勝、副議長李曉鐘以東道主身份迎賓，桃園市副市長游建華陪同。邱奕勝議長向新北市議員和鄉親表示，機場捷運等了二十年終於要通車，票價可以用優惠取代爭議，新北和桃園轄區接壤關係密切，鄉親彼此認識的很多，有問題，都好談；邱議長同時也叮囑桃捷公司要「好好照顧新北鄉親」。[4]

接著，為辦理機場捷運履勘作業，交通部於二〇一六年十二月二十日召開履勘小組前置會議，確認履勘行程、履勘委員會成員，以及各單位營運準備情形，並確定於二〇一六年十二月二十九日、三十日辦理履勘作業。

履勘作業是由交通部路政司林繼國司長擔任召集人，履勘作業分為土建、機電及營運三組，總計十位履勘委員。由藍武王委員擔任副召集人及營運組組長，組員包含賀新、張玉君、沈志藏三位委員；土建組由林志棟委員擔任組長，組員包含許榮均、朱登子兩位委員；機電組由陳在相委員擔任組長，組員包含蔡天和、鄭德發兩位委員。

履勘委員連續兩天逐一勘查包含A1台北車站、A3新北產業園區站、A13機場第二航廈站、A11坑口站、蘆竹機廠、A8長庚醫院站、A21環北站、A19體育園區站、A18高鐵桃園站、青埔機廠、行控中心等廠站，就車站設施設備、維修基地設備、軌道、機電及行李處理設備、轉乘設施、逃生設施與長陡坡等實地勘查、測試後，請桃捷公司就

4 引自桃園大眾捷運股份有限公司，二〇一六年十二月十五日發布之新聞稿，「新北市議會視察機場捷運運行狀況」。

相關假設情境進行營運模擬演練。

營運模擬演練題目分別為A1台北車站瞬間湧入大量旅客、攜帶大件行李使用預辦登機，且有行李安檢異常情形之緊急應變能力；以及列車行駛至鄰近A3新北產業園區站時，列車故障無法移動，出動救援列車將故障列車拖至A3站，並進行行李拆櫃作業和旅客、行李接駁運送，觀察相關人員對於預辦登機、列車救援、旅客及行李接駁運送等處理措施。演練完成，履勘委員對於參與演練的捷運公司、機場公司等人員給予高度肯定，模擬演練順利成功。

■ 2016 年 12 月 4 日　初勘委員於 A18 高鐵桃園站與 A17 領航站站間進行車站現場設施設備檢視

■ 2016 年 12 月 10 日　行政院林全院長視察機場捷運建設 A1 台北車站，並體驗預辦登機及行李托運服務

■ 2016 年 12 月 15 日　新北市議會議長蔣根煌率同新北市議員和里長參訪機場捷運，桃園市議會議長等陪同

■ 2016 年 12 月 29 日至 30 日　辦理履勘作業

履勘委員會於十二月三十日傍晚總結會議中作成結論，確認履勘完成，並提出四十一項改善事項，其中包括八項營運前須改善事項、十六項一般注意改善事項及十七項後續建議改善事項。

機場捷運的履勘總結會議是在交通部辦理，總結會議完成後，交通部隨即召開「機場捷運線履勘完成記者會」，當我隨著賀陳旦部長、鄭文燦市長及履勘委員們進入會場時，發現媒體記者們已擠滿整個會議室，正等待交通部部長宣布機場捷運線履勘完成及營運通車時間。

記者會一開始，賀陳旦部長表示，交通部履勘小組對於機場捷運系統完備性有相當肯定，提出的八項營運前須改善事項，以目前高鐵局及桃捷公司的專業性及合作程度，大多不難在短時間內達到委員們的期待，交通部期待能在春節前發出營運許可，並儘速公布試營運方案。

其後，鄭文燦市長表示，桃園捷運公司與交通部高鐵局將成立營運改善小組，把過去這段期間及試乘階段所發現的缺點改善完畢，機場捷運不只是安全性和穩定性必須達標，更應提升營運效率及旅客舒適度。鄭市長期勉桃捷公司要與高鐵局充分合作，以戰戰戰兢兢的態度完成各項缺點的改善，讓機場捷運更加安全、舒適、有效率，成為台灣公共建設的里程碑。鄭市長指出，桃捷公司將在農曆年前公布營運方案，過年後試營運一個月，先後辦理各兩週的團體試乘及自由試乘，提高營運系統熟悉度。鄭市長也特別感謝交通部與履勘小組的協助，以及在不同階段參與機場捷運的夥伴，因為眾多工作夥伴的投入，讓機場捷運得以走到今天履勘完成的重要里程碑。[5]

履勘完成後，高鐵局與桃捷公司立即著手改善「八項營運前須改善事項」，並經履勘委員會確認完成改善後，高鐵局報請交通部核准機場捷運線營運通車。二〇一七年一月二十五日，交通部核發機場捷運營運許可給桃捷公司，並自二〇一七年二月二日啟動為期一個月的試營運後，從三月二日起正式營運。

交通部於二〇一七年一月二十五日下午，在機場捷運A1台北車站，舉辦「機場捷運核准營運暨試營運計畫記者會」。賀陳旦部長於記者會中表示，交通部今天正式將營運許可交給桃園市政府，此象徵高品質的機場捷運服務，將呈現在每位國人眼前。機場捷運全長五十一公里，為全國最長的捷運路線，當中也有全國最陡的爬坡段，同時機場捷運除了機場快捷，也服務沿線車站，再加上車廂、車輛、機電設備上皆有相當高的複雜度，期間也逢全球性金融危機，讓機場捷運籌備上一波三折。去（二〇一六）年五月二十日之後，成立機場捷運監理調查委員會，邀請國際專家進行獨立調查，歷經兩個月八十九次會議討論之後，合力克服各項困難，達成百分之九十九以上的系統穩定性及初履勘的作業。交通部以歡喜與慎重的心情交棒，非常放心的將營運許可，交付給鄭市長所率領的市府團隊及桃園捷運公司。

記者會上，鄭市長強調，獲得營運許可代表責任的承擔，桃園捷運公司一千兩百位員工秉持兢兢業業、戒慎恐懼的態度，迎接機場捷運通車。通車前已進行安全性、穩定性測試，並完成模擬演練，而履勘所列出營運前應改善的八項改善措施，也均已完成。其他需於營運後的改善項目，桃捷公司會與高鐵局密切聯繫合作改善。[6]

5　引自桃園大眾捷運股份有限公司，二〇一六年十二月三十日發布之新聞稿，「機場捷運履勘完成 桃捷農曆年前公布機捷營運方案」。

6　引自桃園市政府新聞處，二〇一七年一月二十五日發布之新聞稿，「鄭市長：機場捷運二月二日起試營運免費試乘，三月二日正式通車，首月票價五折」。

■ 2016 年 12 月 30 日　履勘完成記者會

■ 2017 年 1 月 25 日　桃園機場捷運取得交通部營運許可記者會

◆蔡總統視察機場捷運

二〇一七年一月三十一日，總統蔡英文一早蒞臨機場捷運A1台北車站，春節期間總統關心即將啟動試營運的各項準備工作，從預辦登機、行李托運服務開始仔細聽取說明，並自A1台北站試乘直達車至A13機場第二航廈站，視察機場服務旅客情形，最後搭乘原列車前往A18高鐵桃園站，並於該站舉行記者會發表談話。這是直達車第一次載客停靠桃園機場以南的車站。

桃園市長鄭文燦致詞時指出，機場捷運是桃園國際機場的聯外系統，可大幅增加桃園國際機場的競爭力，並降低國際機場周邊交通負擔；也可連結北北桃生活圈，未來配合桃園鐵路地下化及捷運棕線計畫，將首都生活圈更緊密結合，市府與桃園捷運公司要打造機場捷運成為台灣新門面，帶領台灣進步。

鄭市長提到，十年前在他擔任行政院新聞局長、蔡總統擔任行政院副院長時，機場捷運由BOT案改為政府出資興建，並將機場捷運延伸到高鐵桃園站（A18站），未來將更延伸到中壢火車站（A23站）。歷經十年的興建，桃園市政府與新政府面對期間的困

■ 2017 年 1 月 31 日　總統蔡英文視察機場捷運

難與挑戰，秉持著「爭議會過去，建設會留下」、「口水會過去，方便會留下」的共識，以「解決問題，承擔責任」的態度，二〇一六年由桃園捷運公司採取先行測試、先行接管的方式，與交通部高鐵局一起改善問題，提高穩定性，並由國際第三方驗證機構 Ricardo 公司完成安全營運的證明，以及交通部初勘及履勘等程序，測試與驗證過程非常嚴謹，即將於二月二日試營運。

總統蔡英文在致詞時表示，新的一年迎接新的機場捷運，這是全國最長的捷運系統，橫跨三個直轄市，同時連結國際機場、高鐵、台鐵及台北捷運等重要交通樞紐。通車後不僅桃園市走進捷運時代，台灣公共運輸也因為加入機場捷運服務，邁向新的里程碑。

蔡總統指出，機場捷運通車具兩大意義，第一個意義是帶動在地，不只連結北北桃，更加帶動桃園在地方發展、改變桃園生活風貌，桃園市政府未來也會在機場捷運沿線興建社會住宅，發揮首都減壓效果。第二個意義是加強機場運輸能量，桃園機場旅運人數將因機場捷運便利而更上一層樓，並藉由機場捷運提供優質服務，讓國人及國外旅客感受台灣濃濃的人情味，提供使用者最好的服務，獲得全世界旅客良好評價，這是要交出的成績單。

蔡總統說，機場捷運是大都市最重要的印象之一，因為一個都市最重要的建設和印象，就是當旅客走下飛機後交通工具的選擇。很高興經過多年努力，台灣終於有了機場捷運，邁向更先進的國家，帶來更便利的生活，也讓國際旅客深刻感受台灣的進步與發展。

蔡總統最後也強調，今天的成果有賴所有工作同仁努力、中央地方攜手同心，逐項解決問題，讓系統安全穩定，並通過國際認證測試。她並勉勵同仁，機場捷運歷經非常多人的努力及等待，在正式通車前，務必完善各項準備工作，她期盼大家能夠一起「加油、加油、再加油」。[7]

7　引自桃園大眾捷運股份有限公司，二〇一七年一月三十一日發布之新聞稿，「蔡總統視察機場捷運 鄭市長：打造新門面，帶領台灣進步 劉董事長：桃捷準備好了！」。

■ 2017 年 1 月 31 日　總統蔡英文蒞臨機場捷運 A1 台北車站視察

■ 2017 年 1 月 31 日總統蔡英文視察機場捷運，於 A18 高鐵桃園站記者會上致詞

第五節　正式營運通車

◆試營運一個月

桃捷公司是在春節過後二月二日，啟動為期一個月的試營運。試營運規劃分為兩階段，前兩周是團體試乘階段，後兩周是屬於自由試乘階段；試營運期間是限時限量的「壓力測試」，預估搭乘人數將超過七十萬人次，團體試乘人數預估每日約一萬多人次，自由試乘人數預估每日約四萬人次。為期一個月的試營運，期間免費搭乘；並於三月二日正式通車，第一個月票價打五折優惠，四月二日起恢復原價。

試營運期間，搭乘時間都規劃安排在上午八點至下午四點，這是基於蒐集數據、充分檢修、並可以每日完整檢討改善的需求而設定；採取兩階段運量倍增的規劃，是藉此逐步加大對捷運系統與工作人員的實際壓力測試，希望利用為期僅一個月的試營運階段，讓整體運作更穩定順暢，並確保第二個月的正式通車半價優惠期間，國人即可以享受更優質安心的搭乘體驗。事實上，為了確保列車行進平穩及旅客乘坐舒適，桃捷公司前於一月五日，曾以砂包放置全車，進行列車最大載重動態測試，觀察列車平穩度，分析並優化電聯車的推進力與牽引力。

試乘方案啟動前兩周為團體試乘，由桃捷公司發送團體試乘邀請函，受邀團體以中央機關、民意機關、縣市政府、交通運輸軌道同業與其他受邀團體為主，每團以四十人為限，並有一位領隊代表。試乘期間採行程管制、進出站固定方式，試乘團體僅限定於A1台北車站、A3新北產業園區站、A8長庚醫院站、A10山鼻站、A18高鐵桃園站及A21環北站等6個車站進出，民眾可就近從台北市、新北市及桃園市轄區內六個限定車站集合出發。桃捷公司規劃了七條路線行程供試乘團體選擇，並且安排一位導覽人員陪同協助引導參觀。每條路線不僅皆包含直達車和普通車，其中在A1台北車站和A8長庚醫院站更開放停留約60分鐘，供民眾聽取導覽或休憩。

團體試乘的桃園首發團，是桃園市長鄭文燦與桃園市議會議長邱奕勝，共同邀請一百六十位桃園鄉親，上午八點從機場捷運A21環北站出發，前往A1台北車站。當天下午，鄭文燦市長接待立法院長蘇嘉全及立法院考察團試乘機場捷運，從機場捷運A1台北車站出發，前往A13機場第二航廈站。

兩周團體試乘期間，桃捷公司所接待的團體，包括由桃捷公司與高鐵局親友團擔任的首發團、立法院院長團，同時也有許多民間團體、弱勢社福組織，親自體驗國家重大交通建設。像是期待已久的白化症者關懷協會小小鐵道迷、等待從捷運到球場的Lamigo球隊、與桃捷公司共同打拼的機場園區夥伴們、以及身障與視障團體，甚至是捷足先登的國際旅客們，皆共同為這兩周的團體試乘留下美好回憶。團體試乘期間，搭乘團體數達兩千團，進出各站的人次更高達十八萬二，五六二人次，已經超過原先預估的一天一萬人次標準，代表整條機場捷運線的壓力測試獲得初步成功。

試乘期間第三、四周為民眾自由試乘，每日搭乘時間同樣為上午八點至下午四點，夜間則進行設備系統保養改善工作。自由試乘的民眾無需預約，只要至全線二十一個捷運站現場排隊抽取當日試乘號碼牌，憑號碼牌即可免費進出各站自由搭乘，且直達車和普通車皆可試乘，每日總人數控管約兩萬人，但可依各站人數彈性分配調整。

二月十六日，開放民眾自由試乘的首日，鄭文燦市長邀請外國使節團試乘機場捷運，自A1台北車站試乘至A14a機場旅館站，並前往A14a站旁的華航諾富特飯店，出席「桃園市政府外交午宴」。當天下午，鄭市長前往機場捷運A13機場第二航廈站，視察二二八連假機場捷運試營運狀況；鄭市長表示，機場捷運試營運至今，已超過八十八萬人次搭乘，二二八連續假期期間，每日搭乘人次更上看十萬人次，為加強桃園捷運公司同仁夜間作業的熟悉度，並服務更多旅客，桃捷公司與桃園機場公司協調後，自二月二十七日起至三月一日止，延長服務時間自上午七點至晚上九點。

順利完成一個月的試營運，團體和民眾自由試乘的總運量達到一四二萬八，五二九人次，是原先規劃的兩倍運量，顯示桃捷公司已經通過試營運的壓力測試，公司所有的同仁為此感到興奮，並且對於正式營運充滿信心。

■ 2017 年 2 月　機場捷運試營運期間，Lamigo 球隊進站試乘

◆直達美好－機場捷運通車典禮

二〇一七年三月二日是機場捷運的營運通車日。

這一天，A1台北車站一早的氣氛就十分熱鬧，工作人員忙進忙出，媒體記者陸續進場架設攝影機。副總統陳建仁、交通部長賀陳旦、桃園市長鄭文燦、台北市長柯文哲、新北市副市長李四川等都出席「『直達美好』桃園機場捷運通車典禮」；鄭文燦市長自A8長庚醫院站乘坐機捷前往A1台北車站，柯文哲市長及李四川副市長則搭乘台北捷運板南線，分別自市政府站及板橋站出發，前往台北車站一同會合，象徵機場捷運連結北北桃生活圈，共同「直達美好」。

歷經十年規劃、十年興建，克服萬難終於能夠通車營運，出席桃園機場捷運通車典禮的許多貴賓和單位代表，都是親自參與這條捷運線的規劃設計和各項工程建設，可以想像他們的心情一定相當激動興奮，藉由一場隆重的通車典禮，希望能夠表彰他們的貢獻，而對於更多沒能出席通車典禮的參與建設者，我們同樣的感恩和推崇。通車典禮上致詞的長官，包括陳建仁副總統、賀陳旦部長、鄭文燦市長、柯文哲市長及李四川副市長，他們的致詞內容都各具代表性意義，紀錄如下（引自桃園市政府新聞處新聞稿）：

副總統陳建仁致詞時表示，今日機場捷運的通車讓大家看到台灣的活力、建築工程上的精進及管理上的進步，過去二十年經歷漫長的規劃及興建的過程，歷任政府的努力及數不清的同仁辛勞付出，他在此致上最崇高的敬意及謝意。

機場捷運從A1台北車站到A21環北站全長約五十一公里，未來規劃延伸到A23中壢站，讓台北、新北及桃園等三個直轄市的北北桃生活圈更加緊密，這樣的連結也訴說著，只有大家彼此合作，台灣才會更好，透過機場捷運將高鐵、台鐵及捷運連結，這種連結是心與心的連結，更是大家手牽手、肩並肩，攜手共進讓台灣邁向更美好的未來，並連結國際與台灣，讓國際友人到台灣時享受台灣便捷友善的交通服務、溫暖的人情味，以及台灣建築工藝上令人驕傲的地方。

■ 2017 年 3 月 2 日　副總統陳建仁於通車典禮致詞

陳副總統指出，機捷的通車也代表桃園捷運啟動的重要成就，這段期間大家懷著喜樂的心情見證機場捷運的通車，他期許通車後機場捷運營運平安，讓台灣走向國際，也讓國際走入台灣，讓全世界見識台灣好客的好習慣。今（二〇一七）年是雞年，「雞年通機捷」代表台灣往前更邁進一步，也如同今日的主題「直達美好」，在彼此攜手合作下直達更美好的未來。

■ 2017 年 3 月 2 日　交通部長賀陳旦於通車典禮致詞

交通部長賀陳旦致詞時表示，感謝立法院交通委員會要求成立「機場捷運監理調查委員會」，把問題攤在陽光下，從專業角度進行問題檢討，讓機場捷運可以順利通車。機場捷運通車後，交通部仍會持續督導與建單位交通部高鐵局進行合約項目的優化，並協同廠商完成後續保固責任；也會請各交通單位配合機場捷運進行調整，讓各式交通工具可與機場捷運妥善銜接，例如協調台灣高鐵公司提早於六時發車，方便中南部旅客轉乘機場捷運至機場；在擁有功能強大的桃園機場後，後續也將督導各地方政府交通單位、客運單位、民航單位評估調整其他機場的定位。

賀陳部長說，三月二日至四月一日機場捷運票價打五折優惠，藉由優惠票價可讓民眾調整生活與通勤方式，也協調地方政府調整公車與機場捷運間的轉乘，培養運量。機場捷運是有益台灣觀光的建設，可增加國外旅客來台美好經驗，提升國外旅客來台觀光意願，增加台灣觀光產業發展。

桃園市長鄭文燦致詞時表示，機場捷運是國人的共同期待，等待了二十年，終於在今天正式通車，桃園市政府及桃園捷運公司團隊用「歡喜承擔」的心情，承擔營運的重責大任，從興建、測試到營運，有包括工程團隊、測試委員以及營運的桃捷公司、桃機公司等所有夥伴的努力，過程中有很多看不到的辛苦，但「爭議會過去，建設會留下」，這是台灣公共工程的重大里程碑，代表台灣的進步，也讓首都生活圈擴大成為「北北桃生活圈」。

鄭市長指出，機場捷運屬性多元，一方面是機場聯外系統，預計機捷通車後，交通替代率能達百分之二十五至四十。二方面也是北北桃三大生活圈的連結，不僅讓北北桃沿線各站的居民、學校及企業更方便，也連結雙北及桃園，例如機捷連結雙北的捷運系統，未來也會連結桃園的捷運。第三，未來中南部的鄉親可搭乘高鐵到高鐵桃園站，再從A18站轉搭機捷至機場，僅需十六分鐘，目前機場捷運施作至A21環北站，後續會延伸至中壢火車站，屆時搭乘台鐵到中壢車站再轉乘機捷也很方便，機場捷運是綠色運輸的重要骨幹。

鄭市長說，機捷營運後還有許多服務要持續優質化，桃捷公司及興建單位交通部高鐵局會繼續努力，讓大家看到台灣的進步。首先，目前A1站提供預辦登機及行李托運服務，試營運期間測試相當穩定，未來希望能夠擴大服務，提升便利性，目前已於A3新北產業園區站預留空間，未來運量成長後，將研議增加預辦登機服務；另在A18高鐵桃園站部分，因為很多中南部鄉親搭乘高鐵轉乘機捷前往桃園機場，未來也會研議在該站增加預辦登機服務。第二，未來運量成長後，將會增購車廂，讓班次更加密集，以完成六分鐘一班車為目標。第三，對於柯文哲市長提出的松山機場議題，鄭市長指出，「桃園航空城計畫」包含第三航廈及第三跑道興建的整體計畫，可進一步評估是否預留松山機場的容量，由中央政府進行整體協商，研議如何整合桃園國際機場及松山機場的關係，讓台北市及桃園市兩座城市的發展，得到各自的定位。第四，機場捷運後續延伸到中壢火車站尚有兩公里，由交通部高鐵局負責興建，希望工程能儘快完成，並配合桃園的鐵路地下化系統及桃園捷運綠線等後續路線，完善桃園整體運輸系統。

鄭市長說明，桃捷公司在試營運階段，每天都開會檢討並排定改善時程。事實上，機捷各站平均已完工四年到六年，甚至有七年的站體，一定要持續找出問題、解決問題，讓服務更加完善。對於日前部分站體的漏水問題，桃捷公司已在第一時間找出原因，其一為設計問題，另一原因則是排水管路未暢通，後續改善需要利用雨天再行測試，已排定在雨天進行全線各站的滴水測試，並在三月底前全面改善。

鄭市長回憶，機場捷運二〇〇六年動工，當時他是行政院新聞局長，沒想到最後機

■ 2017 年 3 月 2 日　桃園市市長鄭文燦於通車典禮致詞

場捷運通車的責任會落在他身上，鄭市長感謝機場捷運的興建過程中，默默付出的團隊成員，包括主要承包商日商丸紅株式會社、負責車輛打造的川崎重工、負責電力系統的日立製作所、負責建置號誌系統的西門子公司等，也感謝營造團隊克服工程上種種困難，包含沿線經過的林口台地，機場園區及穿越淡水河的地下化的路段等。光榮屬於興建團隊，市府及桃捷公司將會承擔後續工作，讓機場捷運成為台灣的驕傲，也成為台灣都市化發展的重要指標。

台北市長柯文哲致詞時表示，機場捷運通車帶來兩個影響，第一、代表首都生活圈正式擴大，建立起台北、林口、桃園、中壢的首都生活圈；第二、改變台北市民出國模式，直接於機場捷運A1台北車站預辦登機、托運行李，稍事休息後，再搭機場捷運到機場，新增一個出國的方式。

柯市長說，因應機場捷運開通，北市府正在進行以北門為中心的「西區門戶計畫」，完成後A1台北車站周邊景觀將大幅改造，預計今（二〇一七）年六月完工。另外，在五楊高架橋、機場捷運通車後，柯市長也建議後續可就桃園機場與松山機場的整合進行討論。

柯市長也說，今天也順便模擬月底台北市府團隊出國訪問的路線，搭乘台北捷運板南線到機場捷運A1站，進行預辦登機、行李托運，再轉乘機場捷運到機場，相當方便，他也讚許機場捷運提供全線4G free Wi-Fi服務，十分先進。

新北市副市長李四川致詞時表示，機場捷運串聯大台北「三環三線」重要路線，因應機場捷運通車，新北市開通一一〇條接駁公車，於轄內六座車站設置YouBike，也提供六四一個機車停車位、二一三個汽車停車位，方便市民轉乘。

李副市長表示，機場捷運A2三重站可與台北捷運中和新蘆線的三重站連結；A3新北產業園區站將與環狀線接通；A3站、A4新莊副都心站可帶動新莊副都心生活圈；A5泰山站、A6泰山貴和站帶動泰山生活圈；A9林口站則有OUTLET及影視中心，相信機捷通車可以讓周邊發展更好。

在通車典禮上，我們也邀請設計A1站公共藝術「竹林流水」的日本建築大師槙文彥致詞，他表示，非常高興能夠參與桃園機場捷運的站體設計工程，機場捷運建設有助於提升台灣國際知名度，為了讓國際旅客耳目一新，A1台北車站設計為開放、寬闊且灑滿陽光的空間，從最上面的穿堂層，到地下二樓月台層，高度共二十五公尺，挑高的空間能夠帶領旅客往上到達台北車站，呼應機場捷運與城市之間的關係。

我個人也在通車典禮上，報告桃捷公司在營運前運轉測試和試營運過程中的努力和成果，也說明機場捷運在最後衝刺階段，能夠克服萬難順利通車的兩大關鍵：其一，是交通部長賀陳旦就任後，立即成立機場捷運監理調查委員會，釐清問題、積極尋求解方，以及將興建單位、承包廠商和營運單位重新凝聚起來，共同面對問題、解決問題；去（二〇一六）年九月更親自帶領交通部高鐵局及桃捷公司主管，前往德國與西門子成功完成改善號誌系統的溝通協商。其二，是在鄭文燦市長的果斷決策和支持下，桃捷公司的員工數大幅增加到一千多位，以符合接手營運機場捷運的人力，並指示桃捷公司與高鐵局充分合作，預先接管包括青埔、蘆竹機廠、所有車站、設備等，且化被動為主動，積極協同高鐵局辦理營運前的各項試運轉測試，及辦理營運模擬演練，讓桃捷公司員工快速熟悉系統的運作。

出席機場捷運通車典禮的貴賓和單位代表，包括副總統陳建仁、監察院長張博雅、交通部長賀陳旦、桃園市長鄭文燦、台北市長柯文哲、新北市副市長李四川、立法委員鄭寶清、陳賴素美、鄭運鵬、趙正宇、周春米、洪慈庸、呂孫綾、王定宇、桃園市議員郭麗華、呂林小鳳、張肇良、陳志謀、許清順、陳美梅、槙綜合計畫事務所執行長槙文彥、潘冀聯合建築師事務所建築師潘冀、交通部高鐵局長胡湘麟、桃園捷運公司董事長劉坤億、總經理陳凱凌、中華航空公司董事長何煖軒、桃園機場公司董事長曾大仁、台北大眾捷運公司董事長董瑞斌、台灣高鐵公司董事長江耀宗、悠遊卡公司董事長林向愷、一卡通公司董事長施勝耀、遠鑫公司董事長梁錦琳、中興工程顧問公司董事長邱琳濱、大陸工程總經理陳學聖、川崎重工高級副總裁小河源誠（Makoto OGAWARA）、台灣西門子公司總經理王漢光及交通部、台北市政府、新北市政府、桃園市政府團隊均一同出席。

■ 2017 年 3 月 2 日　於 A1 台北車站舉行機場捷運通車典禮

在機場捷運通車典禮上，受到表彰的貢獻者畢竟有限，我個人在全線各場站走動時，經常想像這條捷運線從規劃到興建竣工、從各系統建置到完成運轉測試通車，每一個階段都有眾多默默付出和貢獻專業的前輩先進，願你們同享通車典禮的喜悅和成就感。事實上，機場捷運建設全線各標工程獲獎紀錄輝煌，包括有四標獲得行政院公共工程委員會金質獎，以及四標獲得行政院勞委會金安獎。

另外，也有許多無聲的貢獻者，由於他們的謙虛而讓人一時未聞。二〇二二年三月十一日，在台北市基督教浸信會懷恩堂，出席交通部顧問洪少齊（洪造）先生的安息禮拜時，前交通部長賀陳旦先生追述：「洪造先生以其豐沛的國際工程人脈，協助策定機場捷運監理調查委員會的專業範疇，積極聯繫最適人才投入，並謙辭擔任委員，名為顧問，但委員會議或現場勘查，無役不與；洪先生也參與技術諮詢小組會議，協助處理技術整合與合約爭議，不斷提醒大家要以長遠和寬闊的視野看建設，不要自陷本位。」。哲人日已遠，典範在夙昔。

機場捷運能夠正式營運通車，我們對諸多貢獻者滿懷感恩，榮耀屬於興建團隊，桃捷公司將兢兢業業，承擔後續營運工作，讓機場捷運成為台灣的驕傲。

第三章　想盡辦法衝運量

捷運系統進入商業運轉階段，除了必須奠基在「安全無虞、系統穩定」上，運量和營收能否雙雙提升，則攸關營運單位的財務穩健和永續經營。二〇一六年十月，隨著機場捷運號誌系統問題逐漸收斂，營運前各項運轉測試漸入佳境，桃園捷運公司也加緊腳步，準備向桃園市政府提報可行的運價方案，以及提升運量的各種優惠票價方案。

每一個捷運系統的營運單位，都會以提升運量為最基本、最重要的任務，因為運量不僅決定營收，考驗營運單位公司治理能力，運量也反映這項捷運系統的建設或投資是否符合計畫預期效益。桃園捷運公司接手負責機場捷運線的營運，必然得面對提升運量的嚴峻挑戰。

第一節　機場捷運的運價方案

機場捷運線的規劃設計，與台北捷運、高雄捷運的都會捷運系統不同，除了具備都會運輸功能外，也具有城際交通，以及機場聯外捷運快線的功能特色。由於台灣北部地區民眾，對營運已超過二十年的台北捷運相當熟悉，所以在機場捷運通車營運前後，很自然地就會將兩者加以比較，從票價、班距、運量、行車速度、發車和停靠站方式、旅次長度和時間等都一一比較。

平心而論，每一條捷運系統都各有其特色，有特色就會有差異，市民和旅客除了加以比較，如果能夠體驗各捷運系統不同的功能和運轉方式，乃至沿途不同的風景，或許可以增加搭乘時的樂趣。

二〇一六年十一月，在系統穩定性測試和營運模擬演練如火如荼進行的同時，企劃處綜合規劃組也緊鑼密鼓地準備運價及優惠票價方案。我當時到任不到兩個月，為了增進交通運輸的專業知識，以及參與各類方案研議和決策的需要，便請同仁提供機場捷運建設計畫、交通專業顧問公司所做的各類研究報告供我研讀參考，並盡己所能消化吸收。

機場捷運線的主要服務客群有三類，包含入出境的國內外旅客、北北桃城際的通勤旅客，以及休閒消費與沿線輕旅行的旅客。依據研究報告的評估，機場捷運線營運初期的運量分布，A1台北車站往返機場的入出境旅客和機場園區員工，占總運量的百分之四十；機場以北其它站間的通勤旅客，占總運量的百分之三十九；機場以南，A18高鐵桃園站至機場的旅客，占總運量的百分之八；機場以南其它站間和其它跨區站間，各占總運量的百分之九及百分之四。

旅客類型的多樣性，雖然具備運量提升的潛力，卻也增加票價訂定的複雜度。通勤旅客平均旅程短，對票價的敏感度較高，機捷票價與平行運具的票價相比較，若不具備競爭力，則難以吸引通勤旅客搭乘機捷；入出境旅客平均旅程長，搭乘頻率較低，對票價的敏感度相對低，若機捷票價能夠適度反映營運成本，對營收的增加將有較大的貢獻。這兩類客群比例相當，且都集中在機場以北，這讓我們在訂定票價時增加不少困難度。

桃捷公司在研擬票價方案時，直達車和普通車究竟採取差異票價或單一票價？是最早被討論的議題之一；從營運單位期望增加營收的角度，若採取直、普差異價，直達車即可參考香港機場快線、日本京城電鐵 Skyliner 特急列車的票價，訂定符合營運成本的票價。香港機場快線從市中心到機場，距離約三十五公里（桃園機場到台北車站的距離也約三十五公里），票價約合新台幣四三二元；京城電鐵 Skyliner 特級列車從市中心到機場，距離六十四公里，票價約合新台幣五九三元，如以一半距離三十二公里計算票價，約合新台幣近三百元；基於此，倘若機場捷運線從台北到機場，票價訂為三百元上下，似乎也很合理。然而，若從機場捷運與平行運具的票價競爭力來考量，恐怕就過不了關，因為從台北到桃園機場的國道客運價格落在一二五元至一三五元，搭乘高鐵則為一九〇元（包括台北站到桃園站高鐵票價一六〇元加上桃園站轉乘至機場三〇元），超過國道客運票價兩倍以上的機場捷運票價，恐怕難以被旅客接受。

實際上，早在二〇一五年初，交通部、桃園機場公司和桃園捷運公司共同協商預辦登機、行李托運是否向旅客收費時，也一併研商直、普採取差異票價或單一票價的議題，最後基於友善旅客使用及便利性的核心價值，乃決定採直、普單一票價（也稱為「直普同價」）。這項票價政策是基於機場捷運肩負公共服務的社會責任，票價的訂定必須以社會大眾的利益為優先考量。

再者，由於機場捷運線除了A1台北車站，其它車站受限於用地空間，月台均未設計直達車與普通車旅客分流機制，加上旅客進出均為同一閘門，若採取直、普差異票價，將衍生查票及補票問題，如補票比率過高，將造成民怨，尤其是桃園機場端入境的國內外旅客，在沒有分流機制的月台候車，恐更難以分辨不同票價的列車；另外，直、普差異票價的票證使用規則複雜，將造成旅客使用不便，徒增旅客困擾。

◆運價方案的多面向考量

影響捷運系統運量的因素很多，包括全線各車站周邊都市計畫居住及活動人口、軌道路網狀況、交通接駁的便利和效率、列車班距、票價，以及平行運具的時間和價格競爭等；不過，在機場捷運營運通車前後，沿線居民、民意代表和媒體似乎都僅聚焦在票價議題上，並且多數主張票價越低越好。可以理解的是，由於相較於影響運量的其它因素，票價是最直接、也最具有可調整性，自然就成了各利害關係人的關注焦點；然而，對於營運單位桃捷公司來說，儘管公共運輸服務業不以營利為主要目的，但仍須考量收支平衡及財務穩健，必須在票價、運量和營收之間找到適當的平衡點。

依據大眾捷運法第二十九條規定：「大眾捷運系統運價率之計算式，由中央主管機關擬訂，報請行政院核定；變更時亦同。大眾捷運系統之運價，由其營運機構依前項運價率計算公式擬訂，報請地方主管機關核定後公告實施；變更時亦同。」據此，機場捷運線的運價訂定程序，是由桃捷公司擬訂運價方案，經董事會核可後，函送桃園市政府交通局初審，經票價審議委員會審議通過，由市府核定後實施。

桃捷公司依據大眾捷運系統運價率計算公式試算，初步計算平均每位旅客的公里基本運價率是七．七八元，從A1台北車站到桃園機場的運價為二七〇元（國道客運票價一二五元），從A1台北車站到A8長庚醫院站的運價為一五五元（國道客運票價三十五元），從桃園機場到A18高鐵桃園站的運價為六十元（國道客運票價三十元）。依運價率計算公式試算出來的運價，雖然反映機場捷運線的營運成本，但若與平行運具相比較，明顯缺乏票價競爭力。

基於提升大眾運輸使用率和機場捷運線的永續經營，桃捷公司在擬訂票價時的思考邏輯是：首先，依據法規試算出基本運價率，擬訂營運初期之票價（票價不高於基本運價率）；其次，決定票價的形式，包括費率結構、基本里程、基本票價、單位費率及最高票價，均須依營運特性來考慮票價訂定的策略；再次，以平行運具票價和機場捷運時間價值為基礎，評量所訂票價的競爭力；最後，票價方案投入運量模式模擬，據以計算票收，並評估營運十年的財務損益情形。

在費率結構方面，依照不同的運輸特性，約可分為「里程式」、「階梯式」及「分區式」計價方式。由於機場捷運兼具城際運輸和都會通勤性質，且以單條路線為主，平均旅次長度長，因此在費率結構方面採「里程式」計價，亦即依據旅客搭乘距離乘算單位費率（台鐵和高鐵也是採里程式的費率結構）。北捷、高捷為短距離的都會通勤，平均旅次長度短，路線較多，乃採「階梯式」計價，切分距離級距，通常一個級距為二至四公里，級距範圍內價格相同。另外，觀察國外費率結構的案例，倫敦地鐵和巴黎地鐵，其路網綿密，路線集中於大都會區域，乃採「分區式」計價，以市中心為圓心，往外輻射方式劃分區域，同一區內價格相同，跨區票價增加。

在基本里程方面，由於機場捷運的平均旅次長度與平均站距均較北捷、高捷長，因而設定為六公里（北捷、高捷為五公里）；而為鼓勵長途搭乘，設定最高里程上限，超過三十五公里票價不增加。另外，為友善旅客使用、避免找零困擾，票價取整數化、尾數為〇或五。再者，考量搭機旅客前往各航廈，是依據航空公司班機停靠點決定，旅客無法自行選擇，所以將桃園機場園區內的四站（A12、A13、A14、A14a）視為同一站，其他站至機場園區票價均以最小距離計價。

桃捷公司依據基本運價率計算票價，單位費率每公里七．七八元，A1台北車站到桃園機場的運價為二七〇元，這樣的票價水準實超過民眾的負擔，同時也無法與平行運具競爭；在幾經模擬運輸成本、運量模式、營運收入及運價方案後，考量重置費用占總成本約近四成，且營運初期不需進行設備重置，另估算不含重置費用之基本運價率，並考慮與平行運具之競爭力，及有效提升機場捷運使用率，最後乃設定單位費率每公里四．六〇元，基本里程票價三〇元，A1台北車站到桃園機場的運價為一六〇元，且以此為最高里程（三十五公里）的票價上限。

在研擬運價方案的過程中，我和企劃處綜合規劃組的同仁，一再討論、反覆推敲，釐清我們所面對的幾項難題：第一、由於機場捷運線兼具機場聯外捷運快線、城際交通及都會運輸的特性，費率結構若採台北捷運「階梯式」計價，運價不僅無法反映運輸成本，加上沿線車站缺乏足夠的土開和聯開效益可挹注，將導致營運嚴重虧損。第二，費率結構採「里程式」計價，符合機場聯外捷運快線和城際軌道運輸的特性，但是對於機場以北其它站間的通勤旅客，將較難接受與台北捷運不同的計價方式和費率。第三，由於機場捷運沿線的重大開發計畫進度不如預期，包括A1雙子星大樓、新莊副都心、機場第三航廈及數個車站的都市計畫，都尚未啟動或開展，營運初期的實際運量將無法達到高鐵局原先所預測的運量。第四，企劃處根據研究報告評估，因機場捷運線的票價彈性絕對值小於一，票價變動對運量變化的影響較小，顯示票價降低雖可提升運量，但是運量提升的幅度小於票收降低的幅度，降價將導致整體票收減少。

在運價及票價的訂定策略上，為了盡可能在票價、運量和營收之間找到適當的平衡點，我們決定採取漸進調適的模式，先爭取合理的基本運價，輔以優惠的通勤定期票價，再依實際的運量和營收狀況，推出各種促銷的優惠票價方案，以更貼近通勤旅客的期待及進一步提升運量。營運初期規劃票種以簡單、普及為原則，發行單程票、團體優待票及通勤定期優惠票；另外，因悠遊卡、一卡通等電子票證在台灣已十分普及，故不主動提供使用電子票證的優惠。

◆董事會通過運價方案

機場捷運線運價方案攸關社會大眾權益與營運公司財務永續，桃捷公司依據大眾捷運系統運價率計算公式，並綜合考量財務預估情形及平行運具競爭力，擬訂「桃園國際機場聯外捷運系統運價方案」，提請董事會審議。董事會於二〇一六年十一月二十一日召開，會議中主席徵詢出席董事，經董事們充分討論後，照案通過運價方案。

會議討論中，代表新北市政府的董事表達：「依軌道同業經驗，運價訂定後調整不易，爰贊同本公司於合理範圍內爭取訂定較高價格；惟營運初期為創造運量之關鍵時期，應以刺激運量為優先，建議公司初期即實施全面優惠折扣，以優惠價格改變民眾搭乘習慣，後續可再視實際情況逐步回復原票價。」代表新北市政府的董事也建議，公司應對沿線通勤旅客提供具有吸引力的優惠票價策略；並進一步表達：「考量長途旅客搭乘量低，爰贊同所提之方案設定三十五公里以上票價不增加；另考量林口地區長期之都市發展，且快速公車路線均停靠長庚醫院與林口市區，建議 A8 站及 A9 站比照 A12 站至 A14a 站之訂定原則，合併為同一票價區間訂定。」代表台北市政府的董事表達：「考量運價調整難度甚高，運價及票價應個別研議，票價部分建議得提供相關優惠並設定期限，以保留後續運用之彈性。」。

綜合而言，董事會審議運價方案過程中，代表北北桃市政府的董事們，都了解機場捷運線運價訂定上的複雜性和困難度，對公司所提的運價方案給予支持，但也都建議在運價的基礎上，營運初期應該推出各種優惠票價方案，吸引民眾搭乘以提升運量。

在研擬機場捷運線運價方案期間，我曾經親自拜訪軌道同業的高階主管，向他們請益合理票價的訂定策略，他們提醒我，軌道系統票價核定公告後，將會面臨「長期凍漲」，即使包括電費上漲、用人費用成長、負擔重置費用等營運成本持續增加，營運單位想要藉由調整票價來反映成本，往往困難重重。我也請教他們，機場捷運線的基本里程票價訂三〇元，是否合宜？這幾位高階主管都表示合宜且合理，並強調他們希望自己營運的捷運線也能有機會調整起程價為三〇元。

在研提運價方案的過程中，我清楚地意識到，想要在合理票價與反映營運成本間取得均衡，困難度極高，因為我們面臨的是一種「雙環困境（Catch-22）」，若訂定符合營運成本的票價，民眾不買單、運量提升緩慢，導致營運虧損，得靠政府持續補助；若以低票價來吸引民眾改變交通工具，放棄私人載具，改搭公共運輸工具，政府必須無止盡的編列預算補助。如果在政策上，政府能夠接受公共運輸服務應由公共預算完全負擔，那麼「雙環困境」就不存在；問題是，即使是公有、公營的捷運公司，在營運上仍被政府期待、甚至要求至少要達到收支平衡。

◆票價審議委員會同意運價方案

依據大眾捷運系統運價率計算公式第乙－八條規定：「大眾捷運系統運價，除遇有特殊狀況外，應每二年檢討一次。地方主管機關核定運價之前，宜延聘立場超然之學者專家及有關人士成立票價審議委員會負責檢討審議工作。」桃捷公司董事會通過運價方案後，依程序函送主管機關桃園市政府核定，核定前交通局依上述規定成立票價審議委員會進行檢討審議。

「桃園捷運系統票價審議委員會」起始會議，是在二〇一六年十二月二日上午召開，由桃園市副市長游建華擔任召集人暨會議主席，除了代表北北桃三個地方政府的委員出席外，也邀請高鐵局代表及學者專家擔任委員。會議程序是由桃捷公司先進行運價方案的完整簡報，再由各個委員分別表達意見及建議。首先發言的是代表新北、台北市府的委員，他們都以台北捷運的票價費率為參考基礎，表達桃捷公司所提的運價過高；代表新北市府的委員建議機場捷運的票價費率應比照台北捷運計費基準，並建議直達車、普通車採差異票價；代表台北市府的委員則表達，直達車、普通車採差異票價，就實務面不易執行，建議採單一票價較為單純、可行。代表台北市府的委員在會議中也提醒，當運價與票價不一致時，其差額須由政府補貼，惟預算編列須經議會通過，實有難度，依照台北捷運案例，機場捷運系統的運價與票價差額，桃捷公司只能概括承受。

其後專家學者的意見，大多支持桃捷公司所提比照台鐵、高鐵模式，運價的費率結構採里程方式計費，主要理由是機場捷運的旅次長度長，目前仍為單一路線，若採北捷的計費模式，將造成嚴重的財務虧損，不利於機場捷運系統的永續營運。代表桃園市政府的委員表達，運價與票價間差額所造成的必然虧損，若由桃捷公司概括承受，最後還是要由北北桃三個地方政府編預算增資支付，若由地方政府補貼，則分攤比例尚待研商，而這兩種情況都需要三個地方政府自編預算，並經議會同意，爭取議會支持在實務面有一定的難度。

經過委員會的多輪討論，審議的意見逐漸趨近，在考量營運、財務永續，以及運價訂定後調整不易，且運輸本業收入無法完全支應營運成本的情況，桃捷公司所提的運價方案可被接受；但在實際票價方面，須注意與平行運具間的競爭力，通勤旅客交通費用的負擔，以及提供多元優惠折扣措施，吸引各類旅客搭乘以提升運量。桃捷公司也在會議中回應，依據各類客群、旅客使用頻率的不同需求，目前已研擬通勤定期票、團體票的優惠折扣，未來也會與其他同業或異業合作推出相關票價優惠方案；在法定優惠票方面，也已完成規劃，並與各地方政府討論相關費用的編列。

最後，票價審議委員會做成兩項結論：「一、桃園捷運公司所提運價方案係依運價率計算公式、營運成本、收入等面向擬定，原則同意該公司所提運價方案：基本運價率每公里四．六〇元，起程票價三〇元，基本里程六公里，最高里程三十五公里；請桃園捷運公司精算後報市府核定。二、為利運量提升，委員會授權桃園捷運公司研訂優惠票價方案，並一併將多元行銷優惠方案陳報本府。」。

票價審議委員會會議結束後，桃園市政府隨即在當天中午召開記者會，說明機場捷運票價經委員會審議完成，依據所通過的運價方案計算，起程票價三十元、最高票價一六〇元，介於高鐵和國道客運之間，具有平行運具的競爭力；同時，由於機場捷運也具有桃園、新北、台北間的通勤功能，為減低通勤旅客的交通費負擔，因此提供三十天定期票（月票）七折、六十天定期票（雙月票）六五折、九十天定期票（季票）六折的優惠，且優惠票價是以每個月二十一天上班日計價，搭乘頻率愈高愈省錢；另外，為鼓勵團體旅客搭乘，十人（含）以上的團體，提供八折優惠。

鄭文燦市長在記者會中表示，機場捷運是國家進步的象徵，票價訂定必須要能夠反映公共服務和營運成本，並考量機場捷運永續經營。鄭市長於記者會後，也指示桃捷公司在正式通車營運前，須加強宣傳各種優惠票價，鼓勵沿線民眾多加利用機場捷運，並依票價審議委員會的決議，持續研擬多元行銷優惠票價方案，以利提升運量。[1]

1 引自桃園市新聞處，二〇一六年十二月二日發布之新聞稿，「桃園機場捷運票價公布鄭市長：最高票價一百六十元，並推出月票、雙月票、季票折扣優惠，兼顧公共服務、永續經營及市場競爭力」。

第二節　加速推出優惠票價方案

票價審議委員會會議及市府記者會後，當天下午，我隨即召開研議多元行銷優惠票價的工作會議。會議中我跟總經理和企劃處同仁溝通，票價審議委員會支持桃捷公司所提運價方案的同時，也授權公司研訂優惠票價方案以提升運量，我們應該可以加緊腳步、更積極地推出優惠方案，特別是能夠吸引通勤旅客的票價方案。綜合規劃組的同仁回應，十一月董事會通過票價方案後，已針對雙北董事所提的意見，初步研擬幾個優惠方案，但還需要做進一步財務試算，建議等正式營運三個月後，再根據實際運量和營收進行方案評估。

我認為同仁的想法雖然有道理，但基於對票價審議委員會委員意見的尊重，以及我們已在基本運價上獲得支持，在兼顧公共運輸服務和營運成本的平衡下，最好是在正式營運前就推出行銷力道足夠的優惠票價方案。企劃處同仁在了解我的想法後，便立即著手進行各種方案的財務試算及運量分析，並且設定一周內至少完成一項具體的優惠方案。由於綜合規劃組先前已經研擬好幾項備案，因此很快就從中篩選出兩項可行性較高的方案，分別是「區間同價優惠方案」和「通勤團體定期票優惠方案」，其中「區間同價優惠方案」的籌備事項比較單純，我們決定先擬定這項票價優惠案。

◆區間同價優惠方案

這個方案主要是考慮到直達車停靠站，鄰近車站、同生活圈的乘客，會因為票價差異，過度集中到直達車停靠站乘車，造成直達車站人流疏運負荷過重，不便於居民尖峰時間出入使用，反而導致站區外人車擁塞等問題，所以調整為直達車停靠站鄰近三公里內區間車站同價優惠。同時，這個方案也給予機場以北各站間、預估占總運量百分之三十九的通勤旅客，更具吸引力的優惠票價。

「直達車站三公里鄰近區間同價優惠方案」的內容包括：第一、新莊生活圈的A3新北產業園區站、A4新莊副都心站、A5泰山站，優惠票價調整為同區間最低價的三十五元；第二、龜山林口生活圈的A7體育大學站、A8長庚醫院站、A9林口站，優惠票價調整為同區間最低價的八十元；第三、為避免前述兩區間外票價落差大，A6泰山貴和站、A10山鼻站、A11坑口站三站一併實施優惠票價，分別調整為五十元、一二〇元、一三〇元。

A3新北產業園區站是新北三環三線的轉運中心，屬於新莊生活圈，原本從A1到A3站票價為三十五元，到A4站新莊副都心票價為四十元，到A5泰山站票價為四十五元，由於A4、A5都在直達車站A3站的三公里內，統一調整為同區位間最低價的三十五元，未來往返台北車站和新莊生活圈，搭乘捷運的價格均為三十五元。另外，A6泰山貴和站位於下新莊地區，距離雖然較遠，票價也由六十元降低為五十元。換算下來，若以九十天通勤定期票打六折來計算，新莊到台北每趟只要二十一元，平均每個月來回通勤費為八八二元。

龜山林口生活圈有三個車站，分別為A7體育大學站、A8長庚醫院站、A9林口站，從A1台北車站到這個生活圈的票價分別為八十元、九十元、一〇〇元，統一調整為同區位間最低價的八十元，A9站票價最高降價二十元。換算下來，以九十天通勤定期票打六折來計算，龜山林口生活圈到台北，每趟是四十八元，平均每個月來回通勤費為二〇一六元。在南崁生活圈方面，原本從A1台北車站到A10山鼻站，票價也從一三五元調降為一二〇元，九十天通勤定期票打六折後，平均每個月來回通勤費為三〇二四元；而A11坑口站也由一四五元降為一三〇元。

二〇一六年十二月七日上午，鄭文燦市長主持市政會議時，再一次向媒體說明機場捷運的票價，希望媒體能夠多加報導、協助宣傳。在說明過程中，他進一步指出：「未來機場捷運通車後，桃捷公司也會持續進行旅客使用習慣調查，請桃捷公司可評估是否以生活圈為單位，譬如林口、三重、新莊、南崁、中壢等生活圈，研議區段票價一致的可能性，作為未來營運後第二階段的優惠票價策略。」[2]

我在會議場上一聽完，發現市長的想法和公司的規劃方向是一致的，市政會議結束後，便立即向鄭市長報告公司已研擬出「直達車站三公里鄰近區間同價優惠方案」，除了向他詳細說明方案內容，也建議可以在通車營運前，與其他通勤定期票優惠方案一起推出，不僅可以強化行銷的力道，並且能夠充分回應票價審議委員會的決議。他聽完我的說明和建議後，問我如果要召開說明會需要幾天時間準備，我回答兩天，他立即指示十二月十日上午在A8長庚醫院站舉辦「桃園機場捷運票價說明會」；鄭市長認為，機場捷運剛通過初勘，交通部正在安排履勘作業，機場捷運沿線居民和社會大眾殷盼早日通車，也希望儘早知道機場捷運的票價資訊，我們應該及時提供完整的資訊給沿線居民和社會大眾。票價說明會當天，包括桃園的立法委員鄭寶清、鄭運鵬、新北的立法委員吳秉叡、呂孫綾、桃園市政府新聞處長張惇涵均一同出席。

2　引自桃園市政府新聞處，二〇一六年十二月七日發布之新聞稿，「鄭市長：機場捷運票價合理、並推出通勤折扣方案」。

■ 2016 年 12 月 10 日　於 A8 長庚醫院站舉辦「桃園機場捷運票價說明會」

◆通勤團體定期票優惠專案

由於機場捷運沿線有許多大型產業園區、企業、學校、購物中心、醫院及政府機關，過去通勤只能依賴私人運具或交通車，導致停車場不足、上下班時間國道匝道壅塞等現象；另外，A7 體育大學站鄰近的合宜住宅大型社區，已有大量的居民入住，對外交通將高度依賴機場捷運。基於上述的觀察，我們在研議多元優惠票價方案時，就考慮到針對桃園機場園區、華亞科技園區、長庚醫院的員工、體育大學、長庚大學的教職員生，以及A7合宜住宅社區的居民，提供更加優惠的團體通勤定期票，以期能夠改變他們過去依賴私人運具的習慣，轉為搭乘機場捷運通勤，並成為我們的忠誠會員。

桃捷公司在二〇一七年一月初，已經研擬好「通勤一三五團體定期票優惠專案」，預計在獲得交通部核發機場捷運營運許可後，發行使用期限一〇〇天的通勤定期票，只要滿三〇〇人以上的團體申辦，即可享每張通勤定期票五折的優惠票價。為了讓通勤團體定期票卡更具特色和美感，桃捷公司特別邀請年輕的設計師徐千舜，客製化設計這個優惠專案的通勤票卡，由於從設計到製卡需要些時間，我們將這項優惠專案推出的時間延至二月下旬。

二〇一七年二月二十五日，距離機場捷運通車營運日期三月二日還有一個星期時間，桃園市長鄭文燦前往A7體育大學站，宣布「桃園機場捷運通勤一三五團體定期票優惠專案」。鄭市長表示，為鼓勵團體購票及嘉惠通勤市民，桃捷公司推出這項優惠專案，為了讓A7站超過四千戶的合宜住宅住戶申辦更方便，他指示桃捷公司將A7合宜住宅視為整體社區單位，讓每位住戶可單獨申請此項優惠專案。相信「通勤一三五團體定期票優惠專案」可吸引沿線北北桃市民通勤搭乘，也能提升機場捷運運量。

鄭市長舉例說明，A7體育大學站、A8長庚醫院站、A9林口站等三站同屬於龜山林口生活圈，搭乘機捷至A1台北車站單程票價八十元，若採「通勤一三五專案」，一〇〇天定期票費用為五六〇〇元。如果只有上班日（七十天）搭乘，單程只要四十元，也就是原本單程八十元的五折；如果天天（一〇〇天）都搭乘，龜山林口生活圈到台北，單趟只要二十八元，每天來回只要五十六元，平均每月來回費用僅一六八〇元，是目前機場捷運最為優惠的票價方案。這場說明會，包括立法委員鄭運鵬、桃園市議員李雲強、楊進福、林俐玲、龜山區長劉仁撓皆一同出席。

「通勤一三五團體定期票優惠專案」宣布推出後，桃捷公司隨即派員到機場捷運沿線產業園區、大型社區、機關學校舉辦說明會，由於我們將申辦程序簡化，並於說明會現場收件辦理，不到十天，機場園區約兩千多名員工已申辦，長庚醫院、長庚科技大學及華亞科技園區約有一五〇〇名乘客申辦，A7合宜住宅也有約五〇〇名居民申辦，截至三月九日共計有四千多名乘客提出申請。此期間，鄭文燦市長也指示桃捷公司，聯繫沿線加入這項優惠專案的機構團體，一起出席通勤定期優惠票的行銷暨記者會活動。

三月十日，桃捷公司在A8長庚醫院站舉辦「桃園機場捷運『通勤三六九定期優惠票&一三五團體定期優惠票』記者會」，包括桃園機場公司、中華航空公司、長榮航空公司、環球購物中心、麗寶集團、長庚醫院、華亞園區管理處、華泰名品城、易飛網公司等均派代表出席記者會。鄭市長也蒞臨記者會，他在致詞時表示，機場捷運是多功能的大眾運輸工具，不僅服務出國及回國旅客，也肩負北北桃生活圈居民通勤的責任，為了服務多元需求的旅客，桃捷公司推出營運首月票價五折優惠，更推出「通勤三六九定期優惠票」及「通勤一三五團體定期優惠票」兩項方案，票價優惠最低可到五折，對於工作及就學的通勤旅客都非常划算。

鄭市長在記者會中說明，機場捷運沿線經過許多產業園區、企業及機構，以桃園機場園區為例，約有五萬名工作人員，A8長庚醫院站周邊則有長庚醫院、林口工業區等，都是機場捷運的運量來源。機場捷運從三月二日正式營運至三月九日為止，累積運量已超過五十二萬人次，平日約五萬人次搭乘，假日約十萬人次以上搭乘，平均每日運量為六萬六千人次，超過原本預期目標。

桃捷公司也邀請票卡設計者徐千舜參加記者會，會中她說明通勤一三五團體優惠票卡共有八款設計，供通勤旅客自由選擇，以「環山、繞水、翱翔、築夢、起家、扎根、綻放、希望」為設計主題，並巧妙在票卡上設計了永不間斷的線條，象徵藉由機場捷運串聯北北桃生活圈，並帶著旅客共同朝著夢想翱翔。三六九通勤定期票卡則以機場捷運的路線圖為底，輔以城市天際線的透明卡設計，共三種不同的顏色供旅客做選擇，分別為時尚紅、時尚紫與時尚灰，讓桃捷帶著大家一起馳騁在平穩又美麗的旅途上。

總的來說，桃捷公司在二〇一七年三月二日正式通車營運前，推出各項多元優惠票價方案，在鄭文燦市長鼎力協助下，透過在機場捷運車站舉辦多場記者會或票價說明會，再經由媒體高頻率的報導，已達到票價資訊充分揭露及飽和宣傳。機場捷運正式營運的首月，從三月二日至四月一日票價半價優惠，三月份單月累計運量達二〇〇萬人次，日平均運量六萬六七一五人次；正式營運的第二個月開始恢復原價，四月份單月累計運量為一七二萬多人次，日平均運量五萬七四三一人次。從前兩個月的運量來看，第一個月半價優惠和嘗鮮的效應是明顯的，除了持續觀察運量的變化，我們也要繼續想盡辦法來提升運量和營收。

■ 2017 年 3 月 10 日　桃捷公司在 A8 長庚醫院站舉辦「桃園機場捷運『通勤三六九定期優惠票 & 一三五團體定期優惠票』記者會」

第三節　火力全開的營運元年

機場捷運通車的第一年，我們除了以「安全無虞、系統穩定」為營運的基本準則，也以「提升運量、完善旅客服務、拓展對外交流、開源節流」作為年度重要的營運目標。機場捷運規劃和興建的歷程，波折不少，桃捷公司承擔機場捷運的營運任務，我們希望通車營運的第一年，能夠營造喜氣、活力、友善、便捷、創新和智慧化的新氣象。桃捷公司一千多位員工，平均年齡三十三歲，年輕有朝氣，不僅素質高，願意接受挑戰，對公共運輸服務的工作深具熱情，這是桃捷公司最具競爭優勢的人力資本。二〇一七年，機場捷運營運的第一年，這些年輕人完成許多的「首次」紀錄，不僅建立了專業自信心，也開始塑造了機場捷運的風格與服務文化。

三月十三日，為慶祝機場捷運的正式通車，推出限量五千組通車紀念套票「桃囍禮盒」，開賣當天全數售罄。三月二十四日，桃捷公司與 Lamigo 合作，特別舉辦「Lamigirls 快閃機捷列車」及「Lamigo 球星一日站長」活動，邀請球迷、旅客一起同樂，宣傳搭機場捷運到A19站看中華職棒球賽。三月三十日，桃捷公司推出「Lamigo桃捷周加碼好康」活動，機場捷運四月二日恢復原價首日，球迷憑球賽票根，賽後回程免費搭機捷，以宣傳、鼓勵球迷搭機捷看職棒球賽；這項活動後來成為「捷乘應猿」的常態性合作案，並將A19站打造成為棒球特色車站。

四月十一、十二日，英國搖滾天團Coldplay酷玩樂團，連續兩天在高鐵桃園站前廣場舉辦演唱會，機場捷運首次完成活動散場時，短時間大量旅客疏運的挑戰。四月二十日，桃捷公司首度發行一日票，推出「花漾一日套票優惠專案」，行銷搭乘機場捷運沿線輕旅行，於限定期間內，「花舞繽紛機捷成雙輕旅行，兩人同行一人免費」。四月二十四日，桃園捷運公司、桃園國際機場公司，與日本南海電氣鐵道株式會社、關西國際機場公司，於桃園諾富特飯店共同簽署備忘錄，締結台日四社夥伴關係，共同合作帶動台灣及日本的觀光成長，並創下台日雙軌道、雙機場的合作模式首例；這項台日鐵道機場四社締結友好關係合作備忘錄簽署儀式，是由鄭文燦市長和大阪觀光局理事長溝畑宏共同見證。

五月四日，企業聯合捐贈急救利器「自動體外心臟電擊去顫器（AED）」，共同打造機場捷運成為最安全的公共運輸運具，及全台AED密度最高的列車。五月十四日，首度公開彩繪列車的「著裝」過程，打造不同風格、專屬的機捷彩繪列車，除了拓展廣告商機，也妝點列車外觀及車廂；第一批為日本北陸旅遊「立山黑部」及全台第一家雲端銀行「王道銀行」。

六月三十日推出暑假期間銷售的「仲夏一日票」八折優惠案。七月十六日，桃園捷運公司推出桃園機場航廈的親善大使服務，提供國內外入境旅客機場轉乘資訊及引導服務。

八月七日，桃園捷運公司和台北捷運公司合作，首度發行「桃園機場捷運與臺北捷運聯合套票」，出售兩天及三天兩款聯票，便利國外旅客來台灣搭乘捷運觀光或商務旅行。八月十八日，在機場捷運車站及車廂設置擴增實境（AR）迎賓，除了展現台灣資通訊科技實力，也提供旅客新穎、科技化的搭乘體驗。八月二十五日上午十一時三十四分，機場捷運正式通車以來的第一千萬名旅客誕生於A1台北車站，這位幸運兒是來台商務旅遊的日本教師，桃捷公司致贈特別製作的紀念品及微風百貨的商品禮券。

九月六日，桃捷公司和桃園市立圖書館合作，於A8長庚醫院站設置並啟用「全自動圖書館系統」，全自動化的機台提供旅客和市民完善、便利的借書及還書服務。九月八日，機場捷運開始發售回數票，並推出買十張送兩張的優惠案，吸引出國旅客及潛在客群購買。

十一月二十七日，桃捷公司主辦中華民國道路協會第二十七屆第一次會員大會暨「軌道經濟」研討會，邀請國內工程、交通、軌道界的專家學者與會，以整合公共運輸、前瞻軌道經濟為研討主題，強調鐵公路攜手合作，打造更為安全、便捷及友善的公共運輸系統。

十二月一日，繼悠遊卡、一卡通、HappyCash等電子票證可於機場捷運使用，ICASH2.0（愛金卡）也加入服務行列，國內四大電子票證全部到位，節省旅客購票時間，提升乘車服務品質。十二月六日，在機場捷運通車即將屆滿一年的前夕，桃園捷運公司推出首部形象廣告影片，展現機場捷運「國際視野、連結台灣、在地感動」的特質，邀請具有國際知名度、代表台灣人遠赴異鄉打拼的徐若瑄小姐拍攝，影片中呈現機場捷運的快速、省時、便利，讓旅客能夠「直達」心想的目的地，並帶來生活中更多的「美好」；

自此，讓旅客「直達美好」成為桃捷公司從事公共運輸服務的核心理念。

十二月七日，桃園捷運公司獲遠見雜誌服務滿意度調查，評比為全台軌道運輸業第三名。十二月九日，桃園捷運公司推出「五月天演唱會彩繪列車」，吸引「五迷」搭乘機場捷運觀賞五月天演唱會。十二月十四日，桃園市政府和天下雜誌合作出版《瞬遊機捷》旅遊專書，詳細介紹機場捷運沿線豐富的人文景觀、旅遊景點和美食。十二月十五日，桃捷公司發行限定版的「冬季一日票」，以金、紅、白、綠四色，設計出二〇一八年狗年的「狗掌形閃耀雪花煙火票卡」，吸引旅客購買用於機捷沿線輕旅行外，也可收藏紀念。

二〇一七年十二月二十三日至二〇一八年一月七日，五月天 LIFE 人生無限公司巡迴演唱會，在 A19 體育園區站的桃園國際棒球場熱鬧開唱十一場，每一場次有超過兩萬四千名「五迷」入場，散場時大量人潮的疏運，對第一年營運的桃捷公司是項挑戰。同仁們對於五月天演唱會疏運任務充滿使命感，除了細膩的規劃人流動線、反覆演練，維修處和經管部門的同仁也主動支援運務處，年輕的同仁還自組「潮天團」，以娛樂的方式引導和陪伴「五迷」排隊進站搭車，捷警隊也以加倍的警力維持現場秩序和安全。五月天演唱會在桃園國際棒球場舉辦，同時也為桃園青埔商圈帶來購物消費人潮，每一場次除了有買到票的「五迷」光臨青埔商圈，也有許多沒能買到票的「五迷」搭乘機場捷運，來到演場會場外感受熱鬧氣氛和購買各式五月天紀念品。十二月三十一日，五月天演唱會的跨年場，創下機場捷運四月二日原價營運後，首次單日運量超過十萬人次的紀錄。

機場捷運營運的第一年，截至二〇一七年底，營業天數三〇五天，累計運量達一千七百三十四萬餘人次，平均日運量五萬六千八百七十二人次，這樣的成績雖然未達原始計畫的運量，卻高於通車前所預估的運量。進一步分析旅客結構，機場入出境旅客搭乘機捷，平均日運量達二萬六千九百八十六人次，占機場捷運平均日運量的百分之四十七．四五，占機場入出境旅客的百分之二十八（入出境旅客搭乘率）；使用通勤定期票的旅客，平均日運量七千四百九十七人次，占機場捷運日平均運量的百分之十三．一八。這幾項數據顯示，機場捷運確實發揮了機場入出境旅客的疏運功能，但另一方面，使用通勤定期票的旅客量仍有成長的空間。

再者，機場捷運與台北捷運的旅運特性確實不同，台北捷運是以通勤旅客為大宗，所以平日運量高於假日運量，機場捷運的假日運量高於平日運量，乘客較為多元。入出境旅客和休閒購物旅客，搭乘機捷假日出遊，主要往A1台北車站的北車商圈和西門町商圈、A9林口車站的三井購物中心，以及A18桃園高鐵站的華泰名品城；我們也觀察到，週五的平均日運量最高，經分析後發現，週五的入出境旅客較多，利用機場捷運轉乘高鐵返鄉或出遊的旅客也不少，A18高鐵桃園站的運量結構最為明顯。

總的來說，二〇一七年是機場捷運的營運元年，年輕富有活力的桃捷團隊，上下齊心、火力全開，想盡各種辦法衝高運量。首先，我們推出的多元優惠票價方案，確實有效吸引機場捷運沿線通勤族，儘管搭乘率仍有成長空間，但已建立基本盤；其次，機場捷運發揮了原來所設計的機場聯外快速、便捷的運輸功能，進出國門的入出境旅客逐漸熟悉並利用這項新的公共運輸系統；再者，我們發行優惠的旅遊一日票，與沿線休閒購物商場、職棒Lamigo球團等異業合作，藉由多元的行銷方式，已經共同打造機場捷運沿線成為「好吃好玩好購物」的輕旅行路線。最後，桃園市政府各局處也非常給力，除了引進英國酷玩及台灣五月天等天團在A18站和A19站舉辦大型演唱會，也在機捷沿線車站舉辦各類活動，引導民眾搭乘機場捷運，熟悉各車站鄰近的休閒消費娛樂設施。二〇一七年機場捷運的通車營運，同時也宣告了桃園已成為進步的捷運城市。

■ 2017 年 4 月 24 日　台日鐵道機場四社締結友好關係合作備忘錄簽署儀式

■ 2017 年 12 月 6 日　推出桃園捷運形象廣告「直達美好」篇

■ 2017 年 4 月　推出「捷乘應猿」活動，並將 A19 站打造成為棒球特色車站

■ 2017 年 12 月 23 日至 2018 年 1 月 7 日　五月天演唱會疏運

第四節　加碼優惠推升運量

營運的第一年，運量初步達標，營收方面也有一．一八億元的純益，公司同仁在建立起營運自信心的同時，我在主管會議上還是提醒同仁們：第一年的客運收入與營運成本尚未達到收支平衡，之所以有純益，是因為總收入中有二．一億元來自附屬事業及其他業外收入；再者，主要機電設備還在保固期，高鐵局提供的備品備料減少公司維修成本的支出，且公司營運初期還未提撥系統重置費用。對主管們提出上述的提醒，是希望大家要有自信，但不能夠自滿，我們必須在運量和營收上再持續推升。

政策執行理論中，曾討論過一個現象：在政策目標明確，政策方案可行的前提下，倘若政策資源的投入不足，有可能發生「點火效果」不佳、誘因及動能不足，以致政策作為的效果無法顯現。通車營運後，我們一直在觀察運量的變化，持續評估各項運量提升方案的效果，其中也包括評估通勤定期票優惠方案的「點火效果」，並且研提更具有推升運量效果的優惠票價方案。二〇一八年，我們陸續推出「綠色運輸．提升運量試辦專案」、「一二〇天五折優惠通勤定期票方案」，以及「全線優惠十元方案」，目的都是希望藉由投入更多的「燃料」來點火，以產生足夠推升運量的動能。

◆綠色運輸運量提升試辦專案

二〇一七年的第四季，我們開始蒐集軌道同業所實施過的「綠色運輸計畫」，研析其方法與效果，並著手規劃機場捷運的綠色運輸加碼優惠票價方案，以提高特定車站區間的運量，鼓勵沿線居民多加利用機場捷運作為通勤及聯外的交通工具。

我們透過三個步驟篩選最適合的試辦車站及其區間：首先，檢視全線的中小型車站；具有一定運量規模的大站，若採行綠色運輸的加碼優惠方案，提升運量效果有限，且影響票收的幅度較大，故先排除大站，優先檢視中小型車站。次之，檢視這些車站周邊的居住及活動人口，成為機場捷運潛在客源的可能性。再次，檢視這些車站周邊的交通選擇性多寡，選擇性愈少的，越有利於開發成為機場捷運的顧客。

最後，我們篩選出 A7 體育大學站及 A7 至 A1 台北車站區間最適合試辦。A7 站周邊活動人口多，潛在客源包括體育大學、長庚大學及長庚科技大學的教職員生，合宜住宅大型社區居民，以及華亞科技園區員工；同時，該站通勤至雙北地區的旅客約有七成五，檢視周邊的其他交通條件，因位處林口台地邊陲，周邊連接至新莊的道路少，且因坡度過大，客運路線關駛困難，聯外交通條件較為不足，相較於其他車站，其依賴機場捷運的程度較高。

這項綠色運輸加碼優惠專案，在桃園市政府的同意下，於二〇一八年一月一日開始實施試辦，加碼優惠A7體育大學站乘車往返A1台北車站區間優惠十元。對於這項專案，我們同時也做了財務試算：若區間運量提升百分之十，每月運量將增加六千六百人次，票箱收入將減收約十三萬元；當區間運量提升至百分之十三．五，每月運量將增加九千人次，票箱收入將轉正值並增加收入約一萬元；而當區間運量提升至百分之二十，每月運量將增加一萬三千兩百人次，票箱收入將增加收入約二十八萬元。

這項專案實施三個月後，經統計分析，此區間平均每月運量增加已超過百分之十，至五月底結算統計，運量成長已經達到百分之十九。結果顯示，綠色運輸加碼優惠專案確實達到有效推升運量的效果，這讓我們確認了機場捷運沿線的潛在客源，對票價的敏感度確實很高。

◆五折優惠通勤定期票

二〇一八年第一季結束時，我們重新檢討優惠通勤定期票的實施成效，相較於二〇一七年的使用量，第一季的日平均使用量雖然已經突破八千人次，但成長的幅度有限，這讓我們開始思考並規劃更具有推升通勤族運量的優惠票價方案。

觀察營運一年來各類通勤定期票的使用情形，我們發現「一三五團體定期票（一百天五折票）」銷售量最多，超過定期票總銷售量的五成，其次是九十天六折定期票的銷售比例，占定期票總銷售量兩成多，其餘兩成多的銷售則是三十天的七折票和六十天的六五折票。從通勤族購買各類定期票的行為分析，可發現折扣愈低銷售量愈高，通勤族在交通費用上確實非常懂得精打細算。

我們深知公共運輸服務業的責任，為了能夠進一步減輕通勤族的經濟負擔，以及推出更符合學生通勤族上學期間（四個月）通勤需求，我們著手規劃一二〇天五折優惠通勤定期票；這個票種發售的同時，我們也取消了三百人以上團體才可享有五折優惠票價的門檻。

這項五折優惠通勤定期票方案，經桃園市政府的支持，於二〇一八年六月一日起發行銷售；同時，桃捷公司也正式建立「忠誠會員」制度，凡購買通勤定期票者都是我們的忠誠會員，除了購票折扣優惠，另外也享有會員專屬贈品和參加定期抽獎活動。

這項優惠票價方案是否產生了推升通勤族運量的動能？統計二〇一八年第三季及第四季定期票平日的使用量，相較於同年一至五月定期票使用量為日平均八千三百六十五人次，第三季的日平均使用量已經達到一萬零七人次，成長了百分之十九．六，第四季的日平均使用量達到一萬一千兩百二十三人次，成長了百分之三十四．二。統計數據顯示，五折優惠通勤定期票的推出，對通勤運量的提升具有顯著效果，其中又以林口龜山生活圈至台北車站區間的運量提升最多，新莊泰山生活圈至台北車站區間次之。

◆全線優惠十元方案

機場捷運通車後，調降票價的議題始終未歇，即使公司陸續推出各種優惠票價方案，使用通勤定期票的旅客量顯著成長，要求降價的聲音在議會質詢中仍此起彼落。另方面，二〇一七年度會計結算，公司有超過一億元的純益，即使我們再三說明，年度客運收入仍少於總支出，機電設備還在保固期，至少還需要一個營業會計年度來觀察是否有調降票價的空間，但這樣的理由卻不被主張調降票價的議員所接受。

營運的第二年，我們除了緊盯運量的變化，同時也更加注意包括每月票箱收入、旅客平均旅程長度和平均運價等數據；當然，我們也一直針對每一項優惠票價方案進行成本效益分析，評估因優惠方案所減收的票箱收入，能否藉由提升的運量及其收益來加以平衡。除了推升運量，我們仍須考量收支平衡及財務穩健。在此同時，我心裡很清楚，恐怕議員和許多關注機場捷運票價的利害關係人，沒有耐性等待第二個營業會計年度結束後，再來評估調降票價的可行性和妥適的優惠方案。二〇一八年五月初，在財務、會計及企劃的聯合工作會議中，我請同仁們分析上半年的運量成長及營收狀況，並在六月底前完成調降票價的可行性評估，以及研擬幾項可行的降價優惠方案。

到了六月中，企劃處的運量分析最先完成，綜規組的同仁檢視包括優惠通勤定期票、回數票、一日票、綠色運輸提升運量試辦專案，以及市民卡搭乘機捷八折優惠等多元優惠票價方案，已經發揮推升運量的綜合效果，保守估計二〇一八年的運量可成長百分之八，平均日運量可達六萬一千人次以上；接著財務分析也出爐，預估二〇一八年上半年將有超過兩億元的純益，保守估計全年度將有近四億元的純益。這兩個數據出來後，我們認為調降票價的空間是有的，只要降價優惠方案適切，且實施後運量可再提升百分之八，即可彌平因降價所減收的票箱收入，年度客運總收入有機會打平年度營運的總支出。

為了研擬妥適的降價優惠方案，綜規組從五月中旬到六月下旬，前前後後提出超過三類、二十幾項方案，但最後的財務試算結果都不理想，票價彈性絕對值小於一的魔咒，似乎如影隨形；如何推升到足夠的運量，以彌補所減收的票箱收入？同時，降價優惠方案必須注意到公平性，對入出境旅客、通勤族及休閒購物的一般旅客，乃至全線北北桃的旅客，不能出現有失公平性的方案。

當我發現綜規組迷失在方案叢林中時，特別提醒他們，我們不是為了提方案而研擬方案，先釐清政策問題和政策目標，同時再思考一下「綠色運輸．提升運量試辦專案」的目的和方案邏輯，並評估全線實施綠色運輸優惠方案的可行性，以及仔細試算財務的可行性；在此同時，我也試著解開綜規組同仁對票價彈性絕對值小於一的迷思，因為從之前所採行或試辦的票價優惠方案實施情況觀察，通勤族和一般旅客對票價的敏感度頗高，機場捷運線的需求價格彈性值若剛好等於一，我們有機會在運量大幅推升的同時，客運總收入足以支應營運的總支出，甚至出現盈餘。在方向明確，加上財會同仁的協力下，綜規組總算順利完成「全線優惠十元方案」的運量及財務預估，同時也進行與平行運具的競爭力分析。

綜規組分析，經保守估算運量及財務狀況，假設運量未再提升，一年票箱減收約一至二億元（平均運價為變項），並預估運量相較實施前提升百分之八，則可彌平票箱減收部分；在平行運具方面的競爭力，台北至桃園機場園區的票價降為一百五十元，票價和行車時間將更具競爭力，且各區間通勤定期票價的競爭力也更為提高；在此同時，倘若此一方案產生較大的運量推升效果，將有利於提高全線車站商店租賃及各類廣告的附業收益。再者，全線優惠十元，也意味著機場捷運的起程價降至二十元，長期而言，有利於桃園捷運與台北捷運的票價整合。

擬定好此一方案後，公司隨即向市府報告並獲得支持。二〇一八年七月十六日，在桃園市議會施政報告時，議員質詢機場捷運調降票價議題，鄭文燦市長答詢時表示：桃捷公司今年提出多項優惠方案，市府也加碼敬老卡八百點可搭乘機捷，以及持桃園市民卡搭乘機捷享八折優惠，都有效帶動機場捷運的運量成長；為了進一步提高運量，已指示桃捷公司在財務穩健的基礎上，著手研擬全線各站降價十元優惠方案，並儘速進行收費系統修改及測試，預計今年十月一日起開始實施。[3]

除了上述推升運量的優惠方案，我們對於平均旅程長、運價高的入出境旅客運量，也希望有所推升。從旅客結構、各類旅客的平均旅程長短及其運價高低的分析，很清楚的，客運收入的六成多來自進出機場的入出境旅客，如果能夠提高入出境旅客的搭乘率，增加的客運收入，可以用來彌補通勤優惠票及全線優惠十元所減收的部分。為提高入出境旅客的搭乘率，我們除了加強國內外的行銷宣傳，增加桃園機場捷運的能見度，也與旅遊業者合作販售大宗切票，藉由旅遊業者引導外國旅客來台時搭乘機場捷運；再者，我們從二〇一八年二月起，陸續與日本南海電鐵、京成電鐵及阪神電鐵合作，發售台灣

3 引自桃園大眾捷運股份有限公司，二〇一八年七月十六日發布之新聞稿，「機捷全線優惠降價十元．預計十月一日開始實施」。

及日本旅行紀念套票，相互導客、共同行銷推廣台日的鐵道觀光。除此之外，我們延續第一年營運時，發售花漾一日票、仲夏一日票、冬季一日票等行銷優惠方案，從二〇一八年起，也開始與沿線車站商圈合作，發售各式聯合套票，帶動搭乘機場捷運輕旅行的風潮。

第五節　初嘗運量大幅提升的果實

二〇一八年六月推出「一二〇天五折優惠通勤定期票」，緊接著十月再推出「全線優惠十元」，這兩項加碼優惠票價方案，確實發揮了推升運量的動能。二〇一八年的第三季，機場捷運的平均日運量達到六萬四千八百〇四人次；到了第四季，平均日運量已經逼近七萬人次，達到六萬九千五百四十九人次。機場捷運營運的第二年，平均日運量為六萬三千六百〇一人次，較第一年每日增加六千七百二十九人次，運量增幅達百分之十一．八；在財務方面，客運年收入達十七．一三億元，超過營運總支出的十六億元，加上附屬事業及業外收入，年度純益三．三二億元。

二〇一九年，機場捷運營運的第三年，我們終於在財務穩健的基礎上，初嘗運量大幅提升的果實。第一季的平均日運量已突破七萬人次，達到七萬零五百七十人次；第二季的平均日運量為七萬三千六百〇七人次；第三季的平均日運來到七萬七千九百五十七人次；到了第四季，平均日運量突破八萬人次，達到八萬四千一百二十七人次。

二〇一九年的平均日運量為七萬六千六百一十人次，相較於前一年，每日增加一萬三千零九人次，運量增幅高達百分之二十．五；在財務方面，客運年收入達十八．〇三億元，趨近於營運總支出的十八．〇五億元，加上附屬事業及業外收入，年度純益尚有二．三〇億元。

機場捷運營運進入第三年，車站水環系統及機電系統的保固期陸續到期，維修成本逐漸提高；在此同時，隨著對系統的熟悉度和掌握度日益提高，我們也力行各項撙節方案。我們的目標就是希望客運收入和營運總支出能夠達到平衡。二〇一九年，相較於前一年，機場捷運運量增幅達到百分之二十．五的同時，在客運總收入方面也成長了百分之五．三，這顯示我們陸續推出的多元優惠方案，票價彈性絕對值趨近於一，不僅使得運量大幅提升，客運營收也獲致合宜的成長。

在通勤旅客方面，機場捷運正式通車營運後，在多元優惠票價的基礎上，二〇一七年每日平均使用通勤定期票為七千四百九十七人次，到了二〇一八年日均使用通勤定期票增加到九千三百八十八人次，年增加幅度百分之二十五．二；二〇一八年下半年，陸續推出「一二〇天五折優惠通勤定期票」和「全線優惠十元」加碼優惠方案，使得二〇一九年日均使用通勤定期票增加到一萬二千二百九十五人次，與前一年相較，每天增加近三千人次的典型通勤旅次，增幅達到百分之三十一；其中，通勤旅客增加最多的是林口龜山生活圈，次之為新莊泰山生活圈。

在出入境旅客（含機場園區的工作人員）方面，根據機場捷運前三年的運量統計，機場園區（包括A12第一航廈站、A13第二航廈站及A14a機場旅館站）的運量，占全線總運量的百分之五十至五十二；再者，在機場捷運營業時段，出入境旅客搭乘機捷的比例（搭乘率），二〇一七年為百分之二十八，二〇一八年為百分之三十二，二〇一九年為百分之三十六，每年均增加百分之四，顯示機場旅客的成長相當穩定；同時，機場園區至A1台北車站，是全線運量成長最高的區間。

另外值得觀察和注意的是A18高鐵桃園站的運量。根據前三年全線各站運量統計，前三名分別為A1台北車站、A12第一航廈站及A13第二航廈站，第四名則是A18高鐵桃園站。前三名均在機場捷運北段、直達車停靠的車站，其運量表現並不令人意外；A18高鐵桃園位於機場捷運南段，且並非直達車常態停靠車站（部分直達列車因南延而有停靠），竟然有如此亮麗的運量表現，這讓包括原規劃興建機關高鐵局也感到意外。

我們分析A18站的旅客結構發現，包括新竹、中南部出國及返國的旅客，已經逐漸熟悉利用台灣高鐵和機場捷運相互轉乘，作為進出桃園機場的交通工具；其次，我們也發現新竹科學園區和桃園龜山的華亞科技園區的工程師和商務旅客，也會利用台灣高鐵和機場捷運相互轉乘，在A18高鐵桃園站和A8長庚醫院站區間移動往返，這種情況在上班日尤其明顯；再者，在假日期間，搭乘機場捷運到位於A18站華泰名品城的休閒購物旅客也愈來愈多。二〇一九年，A18高鐵桃園站的運量成長排名全線車站的第三名，僅次於A1台北車站和A12第一航廈站。其後，隨著鄰近A18站的IKEA旗艦店、Xpark都會水族館和新光影城的陸續開幕，A18站的運量成長愈來愈令人驚艷。

機場捷運營運的前三年，我們想盡辦法衝運量，公司所有部門都全力衝刺，而我們也確實拚出好成績，二〇一九年十二月單月運量已達八萬九千二百〇四人次，企劃處和運務處根據前兩年的運量成長趨勢，推估二〇二〇年的平均日運量可望超過八萬八千人次；在財務方面，前三年的營運都有盈餘，累計純益達六．八億元，雖然不多，卻讓我們在營運上更具信心。

在此同時，財務處的王志誠處長在工作會議上則是扮演「烏鴉」的角色，經常在大家對前景充滿樂觀時，他會繃著一張臉碎唸：目前營運雖然有純益，但還不夠多，有租金收益的聯合開發場站大樓，產權還沒有由中央移轉給桃園市政府；中央所負責分擔的十二．八七億元營運前虧損，還沒回填給桃捷公司；營運第六年起，公司可能得開始提撥重置費用。

無論是樂觀自信的運務主管、沉默寡言的維修工安主管、審慎謹言的企劃主管、還是經常叨叨絮絮的財會主管，在我眼裡，他們都是非常優秀且充滿工作熱忱的同仁。機場捷運通車營運三年能夠有初步的成果，這群主管們的專業和努力，絕對是重要的關鍵。即使是寫作的此刻，當我閉上眼睛，許許多多他們投身第一線工作的身影，仍可清晰、深刻地浮現：英國搖滾天團酷玩樂團在高鐵桃園站前廣場舉辦演唱會時，機場捷運首次面對大量旅客散場疏運的挑戰，當時的站務中心主任達奕光、副主任簡任甫，淋著雨在車站現場調整動線，並帶領年輕同仁反覆練習如何引導旅客快速有序的進站。

台灣天團五月天在 A19 體育園區站舉辦演唱會時，當時的運務處副處長謝志成，冒著刺冷的寒風在車站天橋上指揮疏運任務；彭聖錫處長則帶領總務處同仁，為執行勤務的同仁、志工及捷警隊員準備熱食熱飲；維修處李俊德副處長也帶領各廠主管緊盯著各個系統，在必要時進行緊急搶修；人資處張逸群經理帶領桃捷志工隊的大哥大姐們，以及經管部門的同仁們，支援車站的疏運工作；捷警隊的施忠進隊長更是無役不與，每一場大型活動，他都在現場親自督導、指揮捷警隊，以維護活動主場車站及全線行車的治安工作。

上述的畫面，只是我腦海中眾多記憶的幾個片段，限於篇幅，在此僅能列舉其中一二。我要表達的是，經過三年的營運挑戰與工作上的磨合，

■ 2018 年　桃園捷運公司經營團隊合照

桃捷公司的主管們已經是一個團隊，我們有共同且明確的目標，無論是執行例行工作或專案任務，各部門間已經能夠主動溝通協調，個別單位若遇到問題或困難，其他單位也會適時給予協助和補位。團隊是榮辱與共的命運共同體。

第四章　發揮韌性抗疫情

延續二〇一九年的營運表現，桃園機場捷運在二〇二〇年一月的平均日運量達到八萬兩千八百一十人次，通車營運以來累積運量也在一月十七日突破七千萬人次，預估在年底累積運量有機會突破一億人次；一月份有這樣的成績，一方面是單日基本運量已經站穩七萬六千人次，另一方面是部分車站商圈逐漸帶來消費人潮，假日旅客量顯著增加，加上在桃園市政府的協助下，五月天再度來到 A19 桃園體育園區站，一連舉辦十一場演唱會，其中跨年場更創下機場捷運營運以來，單日最高運量十四萬三千五百六十四人次的紀錄，超越二〇一八年十二月八日韓團 BTS 演唱會所締造的單日總運量十二萬一千多人次的紀錄。[1]

正當我們沉浸在二〇二〇年首月開出營運紅盤的喜悅之際，源自中國武漢的新型冠狀病毒疫情，卻以迅雷不及掩耳的速度席捲全球；台灣農曆年過後，一月三十一日世界衛生組織（WHO）宣布這項疫情為「國際公共衛生緊急事件」；二月四日我國外交部宣布，自二月七日開始，過去十四天內曾入境或居住於中國（不含港澳）的一般外籍人士禁止入境台灣；僅隔一天，二月五日中央流行疫情指揮中心（以下簡稱中央指揮中心）宣布擴大邊境管制，二月六日起，將全中國（含港澳）列入疫情二級流行地區，居住中國各省市陸人暫緩入境，自中港澳旅遊返台，一律居家檢疫十四天。

緊接著，二月十二日世界衛生組織將武漢肺炎定名為 COVID-19（新冠肺炎），二月二十九日又宣布新冠肺炎的全球風險等級，由「高」提升為「非常高」。中央指揮中心超前部署，於二月二十七日升級為一級開設；其後，隨著全球疫情迅速蔓延、旅遊疫情警示升級，中央指揮中心宣布自三月十九日起邊境管制再升級，非本國籍人士一律限制入境，所有自國外返台入境者都須居家檢疫十四天。

1 桃園市政府所舉辦的二〇一九年跨年晚會，是在 A18 站高鐵桃園站舉辦，與五月天在 A19 站的演唱會跨年場，產生「共伴效應」，創下機場捷運營運以來，單日最高運量十四萬三千五百六十四人次的紀錄。

這是超級黑天鵝效應。機場捷運有五成的運量、超過六成的客運收入來自入出境旅客，邊境全面管制，對桃園機場和機場捷運都產生營運上極大的衝擊。疫情前，桃園機場平均每日服務入出境旅客達十三萬三千人次，邊境全面管制後，服務旅客數驟降至每日平均不到三千人次；機場捷運的營運與桃園機場高度連動，運量同樣遭遇到雪崩式的滑落；更加嚴峻的情勢是，不同於二〇〇三年的 SARS 疫情，新冠肺炎疫情傳染的速度更快、蔓延的範圍涵蓋全球，至於疫情將會持續多久，世界衛生組織和先進國家的公衛體系都無法樂觀預測。

面對 COVID-19 全球大流行，台灣的邊境全面管制，桃園捷運公司負責機場捷運的營運，與邊境的第一道防線緊密相連，我們很清楚所面臨的危機，在機場捷運邁入營運的第四年，公司將面對極為嚴酷的考驗。

第一節 超級黑天鵝：COVID-19全球大流行

二〇二〇年一月二十一日，農曆年前四天，台灣出現由境外移入的新冠肺炎首例確診病例，中央指揮中心由三級提高到二級開設，我們警覺到疫情已經進入境內，邊境的防疫作為必須更為謹慎積極。

一月二十三日，鄭文燦市長到機場捷運行控中心春節慰勤時，也指示桃捷公司做好防疫準備工作，務必保護好旅客和員工的健康和安全；因應七天的春節假期疏運，我們隨即與桃園機場公司共同啟動新冠肺炎的防疫作業，包括站務人員、司機員、車站維修人員、清潔保全人員、志工等第一線工作人員，均須配戴口罩，勤前量測體溫，列車車廂、車站設備加密清潔消毒的頻率。

◆全面啟動防疫作業

隨著疫情升溫，為能掌握疫情資訊、及時應變，公司於二月四日成立「防疫工作小組」，由工安處擔任幕僚單位，每周三主管會議中進行專案研商，並視疫情和指揮中心及市府的政策推演變化，隨時召開防疫工作會議。

我在第一次會議時，特別提醒主管們幾項工作重點和注意事項：第一，新冠肺炎來勢洶洶，我們必須料敵從寬，面對疫情壓境的危機，我們必須先接受危機已經降臨，才能夠以務實謹慎的態度面對它、處理它；第二，目前對於新冠肺炎病毒特性、傳染途徑、有效防疫方法等，相關訊息眾多而紛雜，請工安處蒐集並彙整資料，於每次會議中提供各單位主管參考；第三，請總務處、運務處、維修處協助工安處盤點各項防疫物資，如果有短缺或需要的物資設備，請啟動緊急採購程序；第四，公司目前的各項工作指引中，並無類似新冠肺炎這種可能大規模流行的工作情境，請工安處著手研擬防疫期間各項勤務的工作指引；第五，請運務處規劃防疫應變處置程序，模擬發現疑似新冠肺炎旅客時的標準作業程序，且全線車站人員皆須接受訓練，做好保護旅客、也保護好自己；第六，有關本公司防疫作為及政策，由公共事務室統一發布訊息，各單位未經指派，不得擅自對外發言。

因應國內外疫情趨於嚴峻，二月二十八日公司的「防疫工作小組」，提升為「防疫應變小組」，並配合桃園市政府防疫專案會議，每日召開疫情應變會議，掌握疫情變化，研議及採取因應措施。在應變會議上，我們確立了當前公司以員工零感染、並加強旅客安全防護為營運目標。會議中，工安處報告了目前防疫物資的整備及採購情形，酒精、口罩、額溫槍及耳溫槍、護目鏡、防護手套、防護衣等均達到安全存量，並已將前述物資配置到第一線工作場域給同仁使用；運務處也報告車站各項應變的標準作業程序已完成，經過二月十一日、二十七日兩次實地模擬演練後訂定初版，並預定三月五日、十七日與捷警隊、消防局及衛生局合作，再進行兩次跨單位的模擬演練及標準作業程序的修訂進版。

會議上，工安處張志豪處長報告分析，新冠肺炎感染者的主要症狀之一是發燒，如果能夠在每個車站的閘門口設置紅外線熱像測溫儀，藉以偵測進站旅客的體溫，對於機場捷運全系統的防護將有很大的助益，他建議可以租借或採購這項設備，以因應未來可能實施的防疫管制措施。確實，我們在會議中曾討論，未來中央的防疫規定如果要求發燒民眾禁止搭乘大眾運輸，在執行上我們將面臨幾個難題，包括需要動員大量人力在車站閘門口量測進站旅客體溫、尖峰時段旅客可能會大排長龍等待量測體溫、額溫槍和耳溫槍正面臨缺貨等；相較之下，在進站閘門口設置紅外線熱像測溫儀，是務實可行且具有效率的方案。當下，我裁示請工安處緊急採購或調借足夠數量的紅外線熱像測溫儀，並盡可能於三月十七日第四次實地模擬演練前完成全線架設。

會議中有一段小插曲，維修處副處長表示，某捷運公司將偵測設備溫度的紅外線測溫儀，經調校後將於近日搶先在特定車站量測旅客體溫，他說公司也有同款的設備，如有必要也可以應急先架設在一、兩個車站使用，他同時也在會議中播放模擬影片；隨後，我們從專業技術上評估，用於偵測設備溫度的紅外線測溫儀，即使調校後的誤差值仍高，並且可同時偵測的移動人身有限，若用於旅客人流眾多的閘門口，容易因誤測而產生失準。會議中，我並沒有責怪副處長提出這項不務實的方案，我想他也是想要有所作為而出此下策；不過，我也藉此提醒主管們，我們所有的防疫措施是為了建立有效用的防護，以保護旅客和第一線同仁的健康，而不是要跟同業進行無意義的競爭，更不該以此欺瞞社會大眾。

初時，工安處採購和調借紅外線熱像測溫儀並不順利，張志豪處長一天內多次回報，由於國外疫情嚴峻、國內人心惶惶，擁有這項設備的機關單位都不願意出借，幾家設備商都嚴重缺貨，即使透過緊急採購程序，工安處也只搶購到幾部。我看到張處長和朱冠誌經理為此十分緊張焦慮，便安慰他們盡力而為就好，不要自責，我們再想想辦法。

就在我也親自打電話四處求助業界朋友，詢問何處可以買到紅外線熱像測溫儀時，桃市府秘書處顏子傑處長來電，表示他找到有現貨的設備商，要我們趕快主動聯繫。這真是非常關鍵的及時雨，工安處隨即連絡廠商進行採購，並且為了避免中途被「搶貨」，還派同仁天天到設備商的出貨處盯貨，有幾部就取幾部地分批取貨，一直到了三月中旬，採購的二十五部紅外線熱像測溫儀全數到貨，才看到張處長和朱經理臉上露出疫情爆發以來少有的笑容。

二十一個車站、二十三處閘門口架設紅外線熱像測溫儀，也是一項大工程，特別是在時間緊迫的情況下，加上廠商因工程人力不足，只願意協助示範安裝一處，其餘的二十二處全由工安處的同仁自行負責安裝、架設。期間有一個周末假日的下午，我到北段巡站，剛好看到張處長、朱經理和廖峰慶助理工程師，正在A4新莊副都心站架設測溫儀，安裝並測試完成已經是傍晚了，我提醒他們今天是假日，早點回家吃晚餐。峰慶微笑著說，他今天還可以再架設好兩個車站，趕快完成全線所有車站的架設，就可以盡快全系統保護旅客的健康。我看他們的工作士氣高昂，也不好再多說什麼，只能提醒他們不要因為趕工而誤餐，工作告一段落就好好回家休息。

◆超前部署建置全線防護網

三月五日，我們在A17領航站實施第三次防疫演練，模擬演練項目包括：面對「車站紅外線熱像測溫儀偵測到發燒旅客」及「發現疑似新冠肺炎旅客」等狀況時，車站人員如何依標準作業程序進行處置，捷警隊、消防局及衛生局也派員共同演練。三月十六日，在工安處同仁的日夜趕工下，完成二十一個車站、二十三個收費閘門紅外線熱像測溫儀的設置，機場捷運啟動全線、全系統防護。

三月十七日，我們在A12機場第一航廈站實施第四次防疫演練，模擬演練項目包括：「紅外線熱像測溫儀測得體溫異常旅客」和「進站旅客未配戴口罩」情境之處理。這次演練，我們特別邀請桃園市政府衛生局王文彥局長現場指導，一起檢視處置程序的合宜性，其後並訂定測得體溫異常旅客時的五項標準處理步驟：一、確認旅客體溫異常是否為其他物品造成；二、若非其他物品造成，站長會將體溫異常旅客，帶至體溫複測區進行耳溫複測；三、耳溫超過三十八度，將要求該旅客搭乘防疫計程車或請親友接送並儘速就醫；四、若該旅客堅持搭乘本系統，將要求全程戴口罩；五、桃捷公司也提供健康叮嚀小卡給發燒旅客，並留下該旅客資料以便後續追蹤。

為有效防堵新冠肺炎疫情，桃捷公司陸續完成各項防疫整備和模擬演練，並建立防疫四大安全網，除全線車站設置紅外線熱像測溫儀之外，也要求旅客搭乘捷運全程戴口罩，加密車站、車廂清潔消毒，以及加強全體員工健康自主管理。事實上，桃捷公司在防疫工作上，還有許多細膩、用心的地方，例如在全線各車站的旅客詢問處，都有提供消毒用酒精給旅客使用；一旦接到車站有確診旅客足跡，立即啟動強化版清消作業，確保全線車站及列車的環境安全；二〇二一年一月起，為因應新冠肺炎病毒變異株的侵襲，開始使用醫療級的長效型主動式消毒液，定期清消的作業範圍涵蓋旅客動線空間及可能接觸之設備設施，以及員工工作之廠辦空間和設備設施，以維護乘客、員工、捷警、志工及所有協力廠商夥伴的健康和安全。

三月五日及十七日的兩次防疫演練，鄭文燦市長均到場視察和慰勉。對於桃捷公司超前部署啟動全線旅客防護網，鄭市長表示，桃捷公司在全線各車站設置的紅外線熱像測溫儀，掃描深度超過十公尺，所以可以掃描到整個閘門入口，測量每一位旅客的體溫；鄭市長也強調，桃園機場的第一道防線是疾管署的篩檢站，機捷是第二道防線，他也呼籲發燒旅客不要搭乘大眾運輸工具，改搭防疫計程車，也要求桃捷公司在機場航廈站測得發燒旅客必須立即通知疾管署，處理後續防疫作為；他並期盼桃捷公司落實四大防疫機制，有效防堵疫情、杜絕染疫風險，達到員工零感染，提供國內外旅客安心、安全、健康的乘車環境。[2]

2　引自桃園捷運公司，二〇二〇年三月十七日發布之新聞稿，「機捷超前部署 紅外線熱像測溫儀全線啟動全面防護」。

■ 2020 年 3 月 5 日　於 A17 領航站實施第三次防疫模擬演練

■ 2020 年 3 月 17 日　於 A12 機場第一航廈站實施第四次防疫模擬演練

新冠肺炎疫情持續升溫，國內各大眾運輸工具防疫也面臨挑戰，交通部在四月一日發布新聞稿，宣布各主要交通場站，自四月一日起陸續量測旅客體溫，五月一日起全面實施，連續量測兩次額溫均達三十七．五度，或第二次量測耳溫達三十八度者，將勸導其返家休息及就醫，並依傳染病防治法第三十七條第一項第五款及第三項規定，不得搭乘大眾運輸或進入服務區、營業處所等人潮聚集空間。

為防治新冠肺炎，讓民眾安心搭乘大眾運輸工具，中央疫情指揮中心於四月三日宣布，搭乘大眾運輸工具應全程戴口罩，未戴者予以勸導，勸導不聽者，依據傳染病防治法第七十條規定，處三千元以上、一萬五千元以下之罰鍰。桃捷公司依據桃園市政府防疫政策，先加強宣導一周，自四月九日起民眾搭乘機場捷運須全程配戴口罩，未戴口罩將不得搭乘，若勸導不聽，依法開罰。

由於二月份平均日運量降至五萬八千多人次，三月份又驟降至四萬多人次，與一月份相較，運量降幅超過百分之五十，原本熱鬧的車站變得冷清許多，連帶影響車站商家的營業業績，為減少產業連鎖衝擊，經與各協力廠商協商，桃捷公司給予廠商四個月（二月至五月）減租百分之五十的優惠，期盼大家共同度過難關。同時，因為邊境全面管制，往來桃園機場的旅客稀少，加上疫情的影響，民眾外出搭乘大眾運輸的意願也明顯降低，桃捷公司也宣布，自四月六日至六月十四日調整直達車班次，於離峰時間班距調整為三十分鐘一班。

◆似乎看不到疫情的盡頭

無論是對協力廠商的減租，或是直達車減班，我們總是懷抱希望，期待疫情到了下半年度能夠舒緩，我們可以逐步恢復原有租金和直達車班距；但事與願違，沒想到全球的新冠肺炎疫情更加嚴重，不僅二〇二〇年下半年，全球確診人數和死亡人數持續攀升，二〇二一年台灣的疫情也轉趨嚴峻，機場捷運的運量和營收受到更大的衝擊。

二〇二〇年四月十九日，台灣新增二十二例確診，其中二十一例為敦睦艦隊磐石艦的軍人和實習生，其後一周該艦陸續出現確診病例，此事件造成國人對疫情更加戒慎恐懼，也使得國內公共運輸使用率再下探，機場捷運四月份的平均日運量降至三萬三千六百多人次，是當年度運量最少的月份。

截至二〇二〇年六月底，全球新冠肺炎確診人數已突破一千萬人，死亡人數也逼近五十萬人；七月底，僅一個月的時間，全球確診人數已突破一千九百萬人，死亡人數達到七十一萬人；七月二十七日，世界衛生組織總幹事譚德賽宣稱，COVID-19是「史上最嚴重的全球衛生緊急事件」；五天後，八月一日，世界衛生組織宣布，COVID-19為「國際關注公共衛生緊急事件」，並警告這項疫情的影響恐持續數十年。十月十一日，全球單日確診數來到三十八萬九千六百多人，創下單日歷史新高，全球已突破三千七百萬人確診，一百零七萬人死亡；時間推移至十一、十二月，歐美疫情確診人數屢創新高，亞洲的日本、韓國、香港疫情也日趨嚴峻。

儘管二〇二〇年，國內的疫情相較於全球各地疫情緩和，截至年底累積確診數僅七百九十九例、其中七人死亡，有不少時候是零確診，所謂「嘉玲（加零）」；但是，由於國際上的疫情仍持續升溫，國人不敢掉以輕心，加上公、私部門為避免群聚感染，也鼓勵員工居家辦公，使得公共運輸的使用率未見明顯彈升，機場捷運二〇二〇年的平均日運量是五萬零五百九十一人次，比二〇一七年的平均日運量還少六千多人次。所幸，桃捷公司在嚴謹的防疫作為下，全體員工，包括志工、保全清潔人員、捷警隊，以及所有的協力廠商夥伴都能夠零確診。

第二節　邊境管制嚴重衝擊運量和營收

二〇二〇年十二月一日，中央指揮中心啟動台灣秋冬防疫專案，加強邊境防疫、醫院通報及社區防疫措施；同時，也要求包括公共運輸場站等八大類場所仍要繼續配戴口罩、維持社交距離。十二月二十八日，中央指揮中心宣布，加嚴機組人員防疫規範，除七天居家檢疫、期滿採檢，第八天至第十四天須遵循加強版自主健康管理。十二月三十一日，台灣發現首個新冠肺炎變種病毒病例。公司防疫應變小組會議研判，二〇二一年台灣的疫情恐怕會更為嚴峻。

中央指揮中心發布最新防疫規定，自二〇二一年元旦起，入境防疫政策再次升級：一、除了有居留證、短期商務、外交人員或相關配偶、未成年子女可以入境外，非本國籍者一律暫緩入境。二、自一月十五日起，返台民眾除了需要登機前三天病毒核酸 PCR 報告之外，居家檢疫者必須符合一人一戶，若無法做到，則須入住防疫旅館。

顯然，指揮中心希望藉此防堵疫情進入社區；我們研判邊境管制將更加趨於嚴格，半年或更長期間內要「解除邊境管制」，已是奢望。

◆二〇二一年國內疫情延燒

二〇二一年一月十二日，台灣新增兩例本土確診病例，為部立桃園醫院醫師及其護理師女友，分屬第一層院內感染和第二層社區感染。中央指揮中心不敢大意，隨即宣布擴大採檢，試圖釐清第二圈接觸者是否感染；一月十六日之後，陸續出現院內及第二、第三及第四層感染，確診病例數雖然不多，但已造成國內社區感染的壓力。中央指揮中心於二月三日宣布，高中職以下學校延後到二月二十二日開學，指考延後到七月三日舉行。

在中央指揮中心、桃園市政府及部立桃園醫院的共同努力下，歷時四十天的部桃事件，終於在二月十九日解除危機、部桃復工。部桃事件總計二十一人確診，波及四個家庭，部桃一度處於全面清空的封院狀態，是疫情爆發以來的一次嚴峻挑戰。那段期間，我每天出席桃園市政府在應變中心的防疫會議，觀察鄭文燦市長主持會議，指揮若定、鼓舞團隊士氣，從未因疫情嚴峻和壓力而動氣；市府衛生局主責防疫應變協調及執行專案，高壓、工作負荷量大，相當辛苦；環保局負責清消工作，其他機關也發揮團隊協助及補位的功能，民間社團熱情捐贈各項防疫物資，沒有任何一位主管抱怨防疫所增加的工作量。桃園市是國門之都，部桃是防疫醫療的最前線，都承擔了新冠肺炎疫情的最大風險和壓力。

我們觀察，部桃事件對北部地區的公共運輸使用率略有影響，一、二月份機場捷運的平均日運量降至四萬四千多人，與二〇二〇年的平均日運量比較，又減少了一成二的旅客數。

部桃事件結束後，中央指揮中心宣布自三月起邊境有限度鬆綁，開放外籍人士入境、商務人士可縮短居家檢疫，但仍須持登機前三天病毒核酸 PCR 報告，居家檢疫維持一人一戶，大眾運輸飲食限制解除、高鐵恢復自由座。三月三日，首批 AZ 疫苗約十一萬七千劑抵台，中央指揮中心指出，經「傳染病防治諮詢會預防接種組」的討論及建議，將從第一優先之醫事人員開始循序推動疫苗接種工作。三月十七日，中央指揮中心宣布啟動台灣、帛琉旅遊泡泡；三月二十二日起，台灣首批 AZ 疫苗在全台五十七家醫院開始施打，行政院長蘇貞昌和衛福部部長陳時中也於當天上午帶頭接種疫苗。[3]

這些接連的正面政策和措施，讓北部地區的公共運輸使用率逐漸恢復到部桃事件前的狀況，機場捷運三月份的平均日運量已恢復到四萬九千多人次，四月份的平均日運量更恢復到五萬零六百七十三人次。當時我們認為，由於全球疫情仍處在高峰期，邊境管制短期間無法解除，入出境旅客還難以有量，但台灣的疫情如果沒有惡化，至少國內旅運量的增加，仍大有可為。

正當我們覺得國內的疫情可能往正面發展時，二〇二一年四月下旬發生華航機師案，華航貨機外籍機師在澳洲確診，其在台家人也陸續染疫。五月一日國內新增三例境外移入、一例本土個案，本土病例為華航貨機機師同住的孩童確診；五月二日國內新增確診病例中，有四例本土個案，為同遊阿里山的諾富特飯店房務員工的三名同住家人、華航貨運機師的同住家人；五月三日新增兩例本土個案，其中一例為諾富特飯店外包商工程人員、一例為華航外籍機師的女兒；五月四日，華航又有一名機師和空服員確診；五月六日，諾富特飯店一名工程部人員確診；五月八日國內新增兩例本土個案，又有華航機師及其同住家人確診；五月十日國內新增十五例確診，其中三例本土個案為華航諾富特染個案的接觸者及其家人；當天，中央指揮中心宣布清零計畫2.0，華航陸續安排空勤組員進入居家檢疫階段。

五月十一日，台灣新增十一例確診個案，包含四例境外移入、七例本土個案，為疫情爆發以來單日新增最多本土個案，中央指揮中心宣布，台灣正式進入社區感染階段，並將疫情警戒標準升至二級，即日起原則上停辦室內一百人、室外五百人的活動，全國醫院、長照機構禁止探病，且營業場所須採實聯制、人流管制等措施，大眾運輸上再次禁止飲食等限制。[4]

實際上，前述七例本土確診個案中，僅有一例與華航諾富特案有關，其他六例是發生在宜蘭和新北的兩起不明感染源個案。華航諾富特飯店案發生時，部分媒體的報導風向，似乎故意指向是桃園市政府對位在機場園區的飯店，未盡管理及督導防疫之責，這

3　參考並引自網路媒體《報導者（THE REPORTER）》之【不斷更新】COVID-19大事記：從全球到台灣，疫情如何發展。

4　同註3。

當然是嚴重的誤導；事實上，華航公司所屬的諾富特飯店有一館和二館之分，一館是一般觀光飯店（因位於機場園區，主管機關為交通部觀光局），二館是機組人員住宿及防疫住所（主管機關為交通部民航局），華航將一館的七樓、八樓作為員工防疫宿舍，並未向桃園市政府衛生局提出申請做為防疫旅館，且於一館八樓違法同時收住一般旅客及居家檢疫的機組人員。

中央指揮中心調查及釐清事實後，於五月七日發布新聞稿，公布華航公司因擅自將一館七樓、八樓作為員工防疫宿舍，且於一館八樓同時收住一般旅客及居家檢疫的機組人員之行為，違反發展觀光條例第五十三條第一項、傳染病防治法第三十七條第一項第六款規定；另華航公司對於員工防疫宿舍管理監督亦有不當，違反民用航空法的一一二條第二項第五款規定，分別由交通部與桃園市政府進行裁罰。[5]

五月十二日，台灣新增二十一例確診個案，其中十六例為本土病例，包括新北市蘆洲獅子會十例、宜蘭遊藝場三例、台北市萬華茶藝館兩例及南部進香團一例，又創疫情以來單日新高。五月十三日新增二十五例，其中本土確診十三例，包括蘆洲獅子會群聚九例、萬華茶藝館群聚三例，一例感染源待查明；五月十四日本土確診新增二十九例，其中有十六例與萬華茶藝館相關、五例與蘆洲獅子會相關、一例與宜蘭遊藝場相關，七例暫時查無感染源。

五月十五日，國內新增確診病例暴增到一百八十五例，其中本土病例高達一百八十例，且遍布台北市、新北市、彰化縣、宜蘭縣、桃園市、台中市、基隆市等七縣市，其中四十三例集中在萬華地區；五月十六日台灣新增二〇六例本土病例，其中與萬華茶藝館相關共有一〇五例、具萬華活動史者有四十四例，國內疫情的焦點自此轉向台北市的萬華。其後一段時間，本土確診病例數持續增加，萬華成為台灣疫情的熱區，疫情也蔓延至全台各縣市。

五月十九日，中央指揮中心宣布即日起至二十八日，全台進入「三級警戒」，民眾外出皆須全程配戴口罩；禁止室內五人以上、室外十人以上的聚會；超商、賣場、餐廳

5 引自衛生福利部疾病管制署，二〇二一年五月七日發布之新聞稿，「指揮中心說明諾富特飯店員工確診 COVID-19 事件裁罰」。

仍可營業，但必須落實實聯制，並保持社交距離；大型活動要根據規定辦理，但禁止社團交接活動，宗教祭祀也一律停止。

三級警戒的威力強大，全台的公共運輸「急速冷凍」，機場捷運五月份的平均日運量急速降至三萬零八百多人次，比四月份的平均日運量足足少了近兩萬人次；六月份的情況更糟，平均日運量只剩下一萬四千多人次，這是機場捷運自通車營運以來單月最低運量。

在中央指揮中心和各地方政府的努力下，到了六月下旬，國內這一波疫情開始緩了下來；七月上旬新增本土確診數又更加緩和；七月十七日，新增本土病例八例，歷經兩個多月的三級警戒，確診本土個案首次降至個位數，再加上疫苗覆蓋率已突破兩成，中央指揮中心宣布七月二十六日後，三級警戒降級的可能性大增。其後，因為疫情如原先預期並未再惡化，終於如期解除三級警戒；不過，中央指揮中心基於新冠肺炎疫情起伏不定、難以控制，仍維持二級警戒。十月二十五日時，由於台灣疫情已恢復平穩，僅零星本土個案出現，但中央指揮中心指揮官陳時中表示，十一月二日後疫情警戒仍不會降級；副指揮官陳宗彥則說會持續評估，並進一步說明降級的三項指標，包括：國際疫情、國內疫苗覆蓋率、解禁防疫的落實狀況都是評估的重點。[6]

我們觀察疫情爆發兩年期間，國內公共運輸與其他國家一樣受到疫情的衝擊，使用率都大幅減少，但是與歐美國家相比較，台灣在疫情高峰期過後，公共運輸使用率的恢復期較長，呈現「陡降、緩升」的現象，桃園機場捷運的情況更為明顯。

二〇二一年四月，萬華群聚事件發生前，機場捷運平均日運量為五萬零六百七十三人次；五月發生萬華群聚事件，當月機場捷運平均日運量遽降至兩萬七千一百七十二人次，單月降幅為百分之四十六；五月十九日起三級警戒，六月機場捷運平均日運量遽跌至一萬四千一百九十七人次，兩個月跌幅達百分之七十二；六月下旬疫情和緩下來，七月二十六日解除三級警戒，七月機場捷運平均日運量一萬八千八百七十二人次，八月份平均日運量也僅緩升至兩萬九千四百七十六人次，足足歷經半年，到了十二月份，機場捷運的平均日運量才達到五萬一千二百五十八人次，恢復到萬華群聚事件前的運量水準。

6　引自中時新聞網，記者莊楚雯，二〇二一年十月二十五日，「今日疫情無法降一級？指揮中心曝三大降級指標」。

◆運量和營收遽減的挑戰

世界衛生組織二〇二一年十一月二十六日宣布，近期在非洲發現 COVID-19 的新種病毒變異株，命名為 Omicron，科學家警告，這個最新的病毒變異株傳染力，可能比過去一年來的主流病毒變異株 Delta 更強。兩個多月後，二〇二二年二月初，世界衛生組織指出，變異株 Omicron 的亞變種 BA.2（也被稱為匿蹤 Omicron）可能比原型的傳染力更強，目前已入侵五十七個國家。[7]

事實上，自二〇二一年十二月起，歐美又再度爆發新冠肺炎大流行，且變異株 Omicron 已逐漸取代變異株 Delta 成為主流病毒。台灣本土疫情原本已逐漸平穩，但二〇二二年起，隨著境外移入個案不斷增加，本土病例於四月起遽增，五、六月本土疫情進入高原期，七月本土病例數緩降下來，國內的公共運輸使用率也明顯隨著疫情起伏變動。二〇二二年上半年，機場捷運的平均日運量為三萬九千零三十人次，還不到四萬人次；七月至九月，第三季隨著疫情平緩下來，機場捷運的平均日運量回升到四萬七千五百七十九人次。

中央指揮中心於二〇二二年九月二十九日宣布，為邁向防疫正常生活，邊境穩健開放，自十月十三日起入境人員免除居家檢疫，改須「七天自主防疫」，試行每週十五萬人次入境為原則，無症狀之旅客，開放得搭乘大眾運輸工具。

桃園捷運公司等待這一刻很久了！台灣為因應新冠肺炎全球大流行，自二〇二〇年三月十九日起開始實施邊境管制，歷時超過三十個月以上，達九百三十八天的國境管制終於啟動漸進解封。這兩年多來，機場捷運因 COVID-19 疫情及國境管制，運量和營收驟減大半，桃捷公司承受了極大的營運壓力。

在運量方面，新冠肺炎疫情爆發前，機場捷運二〇一九年的平均日運量為七萬六千六百一十人次；二〇二〇年全球疫情大流行，機場捷運的平均日運量降至五萬零五百九十一人次，與前一年度相較，平均日運量減少百分之三十四；二〇二一年疫情延

7 參考並引自網路媒體《報導者（THE REPORTER）》之【不斷更新】COVID-19 大事記：從全球到台灣，疫情如何發展。

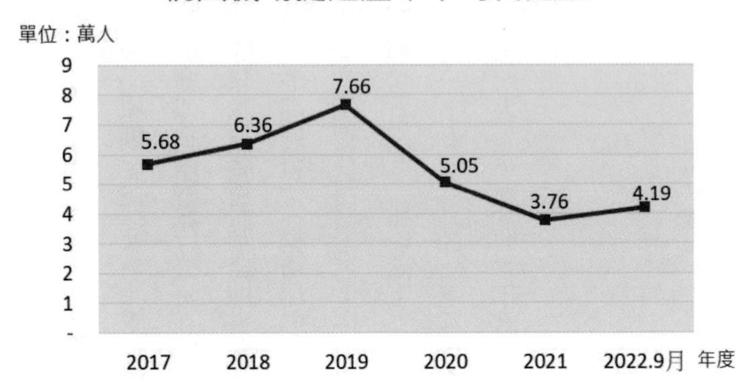

■ 桃園機場捷運歷年平均日運量

燒至國內，機場捷運的平均日運量驟降至三萬七千六百四十三人次，與二〇一九年相較，平均日運量銳減百分之五十一；截至二〇二二年九月底，機場捷運的平均日運量為四萬一千九百一十一人次，雖然略有回升，但與二〇一九年相較，平均日運量仍減少百分之四十五。

在營收和財務方面，機場捷運通車營運的前三年，二〇一七年至二〇一九年，客運收入分別為十二．九九億元、十七．一三億元、十八．〇四億元，總收入（客運收入加上附屬事業及其他收入）分別為十五．〇三億元、十九．三二億元、二十．三五億元，總支出則分別為十三・八四億元、十六・〇〇億元、十八・〇五億元；前三年均有純益，分別為一・一八億元、三・三三億元、二・三〇億元，累積純益有六・八〇億元。

二〇二〇年至二〇二二年，因邊境管制和國內疫情持續延燒，機場捷運運量驟降，近三年客運收入也跟著遽減，分別為八・六五億元、五・七八億元、六・七〇億元（預估值），總收入（客運收入加上附屬事業及其他收入）分別為十・六三億元、七・六八億元、八・七四億元（預估值），總支出則分別為十八・〇一億元、十七・五〇億元、十八・一一億元（預估值）；在疫情的衝擊下，近三年均出現純損，分別虧損七・三八億元、九・八二億元、九・三七億元（預估值），預估三年累積虧損將達二十六・五七億元。

近三年來，承蒙公司董事、監察人和股東代表，都能諒解公司出現虧損是「非戰之罪」，也能了解到我們的運量近五成、營收超過六成是來自入出境旅客，邊境管制嚴重衝擊機場捷運的運量和營收。董事會上，董事和監察人除了勉勵經營團隊要「挺住」，也要求我們必須力行節流和開源；有幾位董事也特別關心邊境管制對客運收入的影響，我們除了提供詳細的統計報表說明，在董事會上，我也以較為容易理解的算法加以說明：

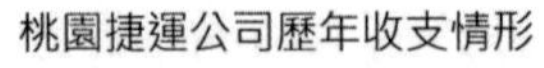

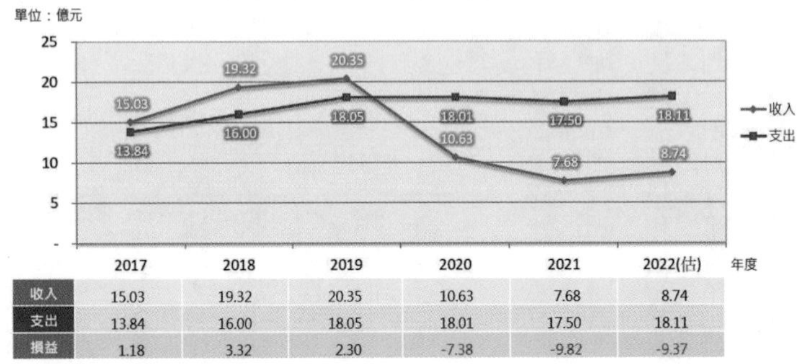

	2017	2018	2019	2020	2021	2022(估)
收入	15.03	19.32	20.35	10.63	7.68	8.74
支出	13.84	16.00	18.05	18.01	17.50	18.11
損益	1.18	3.32	2.30	-7.38	-9.82	-9.37

■ 桃園捷運公司歷年收支情形

自二〇二〇年三月十九日起，台灣開始實施邊境管制，機場出入境旅客平均每天不到一千五百人，且入境旅客因防疫規定，不得搭乘機場捷運等大眾運輸工具，致使機場捷運一天少了三萬多名乘客，一個月就減收約一億元的客運收入，估計到二〇二二年底，累計減收約三十二．五〇億元的客運收入；這還不包括國內疫情嚴重期間，通勤及休閒旅客減少所造成的客運收入損失。

第三節　發揮企業韌性減少災損

賽局理論中有一項重要法則：極大化戰果、極小化災損。企業經營，在勝局中，要有旺盛的企圖心來擴大戰果、追求經營效益的極大化；在負局中，則必須發揮「二枚腰」的堅韌意志，讓災損降到最低，並蓄積動能以締造下一回合的勝局。

前一節中，我說明了近三年來因疫情和邊境管制所造成的營運虧損情形，客運收入減收超過三十二．五〇億元以上，而實際累計純損則是二十六．五七億元，其中約有六億元的差距，正是我們管控災損、力行撙節營運支出、積極開拓財源的結果。

◆上下齊心致力節流

桃捷公司的營運條件有其限制，包括目前仍是單一路線的經營、尚未形成捷運路網，運量的成長有其侷限；迄今尚未完成產權移轉，土開或聯開車站的商業空間和房產，其租金效益仍未挹注公司營收；營運前應由中央負擔的虧損，迄今尚未回補給桃捷公司。

實際上，公司從二〇一〇年成立以來，歷屆董事會和經營團隊都致力於必要的撙節措施，二〇一六年我接任董事長後，對於公司財務狀況始終保持高度警戒，即使二〇一七年通車營運，開始有客運收入，我仍然要求經營團隊重視營運支出的撙節。

二〇二〇年二月，公司成立防疫工作小組的同時，我也在高階主管會議中，敦請總經理在維持系統運轉安全和維護旅客服務品質的前提下，進一步強化公司的各項撙節方案；同時，我也提醒各單位主管，疫情一定會衝擊公共運輸的使用率，我們的運量也一定會受到影響，客運收入佔公司總收入的百分之九十，如果運量掉一成，我們的客運年收就會少一．八億元，如果運量掉兩成，那麼我們年度財務就會出現虧損，所以不能大意，也不能認為節流是維修處或某個單位的事，撙節支出是全公司、所有單位、所有同仁的事，任何單位或個人都不可以當「搭便車者」。

會議上，我觀察到經營團隊和主管們，已經充分認知公司所處的經營環境，將會因突來的新冠肺炎疫情而有重大的改變，公司也將面臨「策略轉折點」（strategic reflection point），能否成功應變、順利度過難關，上下齊心、全員團結是重要的關鍵。

我們在撙節支出上，有以下幾項具體做法：首先，在用人費用方面，藉由員額管控措施，嚴格審查各部門對外招募的人力需求，各處室如有人力短缺，先由一級單位進行所屬各級人力彈性調配、相互支援；同時，我也在會議中向所有主管宣達，公司絕對不會裁員，每一位同仁都是公司重要的人力資本，我們一體同命，也請大家在工作上必須更加互助合作、相互補位。

第二，在維修保養與保固費用方面，我們盡量以自有人力取代外包，並依實際需要調整派工數量，外包項目也盡量不採取連工帶料，而是支領自有庫存的物料。

第三，在清潔及保全費用方面，與清潔及保全的外包廠商協商，在不影響原來的環境維護及場站安全的前提下，藉由車站和電聯車清潔工作減項及人力精簡、車站保全覈實精簡人力等方式撙節費用。

第四，在水電費方面，持續公司原有的節能會議機制，精進廠辦及場站的水電節能作為，更換傳統耗電燈具，務實檢討並彈性調整列車班次以節省動力費。

第五，調整各單位的採購策略，如非急迫或必要之項目，藉由延緩辦理或停止辦理等方式，減少非必要的支出。

除了前述撙節營運支出的措施，我們也向交通部積極爭取桃園機場捷運工程計畫的相關結餘款，補助桃捷公司用以購置營運設備、備品和維修物料。感謝在鐵道局的協助下，交通部同意專案補助九．八八億元，用以購置營運設備及物料，以提升機場捷運營運的穩定度，並有助於公司現金流出及物料耗用成本。這項專案補助雖然不是整筆經費提供給桃捷公司，仍須逐項逐筆申請採購及核銷，但由於桃捷公司已將二〇二一年至二〇二三年的物料採購需求，大部分列入此項補助專案內，這將有助於減緩疫情期間現金流出的壓力。

這幾年來，公司同仁上下齊心撙節開銷的積極作為，經常會在我腦中浮現，即使是一些小額支出，他們都一樣認真執行。例如，總務處行政事務組負責營繕的陳學勤副工程師，他經常帶著年輕同仁巡視各廠辦，檢視並拆除那些不影響作業的燈管和燈泡、調整廁所水龍頭的出水量，即便有時我感到有點over，但還是給予尊重；又例如，幾次我看到軌土廠土木課景觀股領班鄒盈勳，帶著她的同事，利用下班前的時間割草、整理花圃綠帶，我好奇的問她，不是有外包廠商嗎？她回說，自己來、省點經費。我很受感動，真實感受到一體同命的團隊精神。

◆不放棄任何開源的機會

二〇二〇年三月，台灣為防疫啟動邊境管制政策後，桃捷公司射出「撙節、開源、銷售」三支箭，正面迎戰新冠肺炎疫情的衝擊，企劃處開發事業組承擔開拓財源的部分責任，在銷售和伴手禮商品開發方面，則被經營團隊寄予厚望。

開發事業組的蔡坤璋經理，外號叫大順，人緣好又有生意頭腦，是許多年輕同仁喜歡追隨的主管。二〇二〇年五月開始，他和夥伴們與電商平台合作，採取虛實整合的商業模式，擴大公司的零售業務，包括：線上、線下販售防疫民生物資、LED立體彩繪列車造型票卡2.0版（共推出丫桃園哥、京城電鐵、南海電鐵、客家花布等四款）、與廠商合作銷售醫療級防護衣聯名商品，這些自行開發的商品都頗受消費者青睞，並締造了銷售佳績。

二〇二〇年四月十日，桃捷公司和樂天球團合作推出「樂天桃猿彩繪列車」，A19棒球主題車站換上Rakuten Monkeys新裝，以及發表「2020捷乘應猿」宣傳廣告，希望在國內疫情緩和之際，球迷們能夠重新進球場觀賞精彩的職棒賽事，振興棒球經濟，

■ 2020 年 7 月 15 日　推出「我的桃捷心旅行」形象廣告

也帶動機場捷運的休閒和消費旅運量。[8]

二〇二〇年七月十五日，國內的疫情緩和，企劃處和公共事務室聯手，推廣機場捷運沿線好吃、好玩、好逛、好買的景點，在A1台北車站舉辦「我的桃捷心旅行」記者會，並發表年度形象影片，由名主持人客家妹陳明珠小姐擔綱代言人；同時，也與知名IP品牌emoji聯名合作，推出為期一個月的車站拍照、集點系列活動。這項活動的前後，在六月推出「跟著桃捷一起去旅行」的暑假系列輕旅行活動，八月發行由知名饕客魚夫所操刀的《玩味機捷線」–Follow 覓》美食圖文專書，引領旅人搭乘機場捷運養受沿線美食。[9]

二〇二一年三月十六日，桃捷公司和樂天桃猿延續幾年來的合作默契，在A19站舉辦行銷宣傳「2021捷乘應猿」活動；八月三十一日，為迎接上學通勤新鮮人，推出「五天通勤優惠票」專案；為友善親子同遊，孕婦及攜帶嬰兒推車出遊的旅客，於九月二十八日推出「Q版紫嘯鶇親子友善車廂」，將全線普通車第三節車廂換上Q版紫嘯鶇彩妝；十月開發事業組又與樂天桃猿合作銷售各式旅遊休閒生活的聯名產品。

由於Q版紫嘯鶇親子友善車廂，深受許多親子客群的喜愛，企劃處開發事業組的蔡坤璋經理和公共事務室的林芸帆副管理師，一起構思以Q版紫嘯鶇為設計的基礎，創造桃捷公司的吉祥物「鶇鶇」；他們請已經結婚並初為人母的徐千舜老師，來詮釋和設計吉祥物「鶇鶇」的角色個性，並繪製鶇鶇多樣可愛造型，據以設計並開發故事繪本、動畫、

8　桃園機場捷運自二〇一七年通車營運，就與當時的Lamigo Monkeys職業棒球隊合作「捷乘應猿」搭機捷看棒球回程免費活動，鼓勵球迷搭乘公共運輸工具觀賞球賽；二〇二〇年日本Rakuten株式會社接手Lamigo Monkeys隊，仍延續與桃捷公司合作頗受球迷歡迎的「捷乘應猿」系列活動。

9　參考並引自桃園捷運公司二〇二〇年年報。

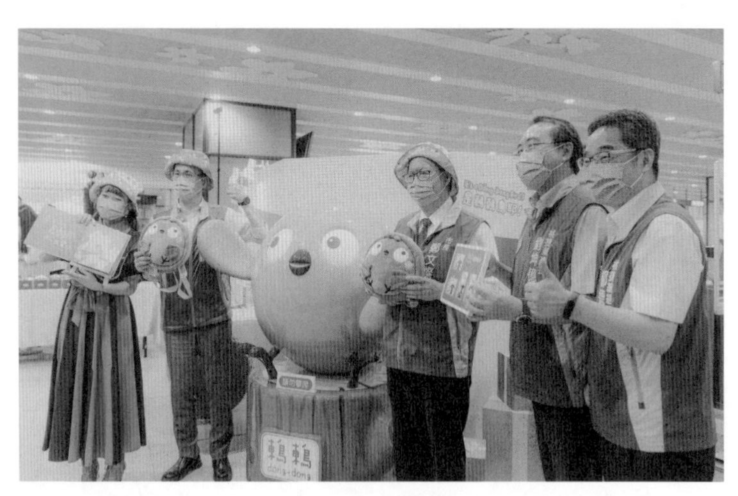

■ 2022 年 8 月 16 日　於 A21 環北站舉行「跟著鶫鶫去旅行！桃捷吉祥物暨商品發表記者會」

人偶，以及系列周邊產品。經過一年的孕育和籌備，二〇二二年八月十六日正式推出，並於A21環北站舉行「跟著鶇鶇去旅行！桃捷吉祥物暨商品發表記者會」。桃園市長鄭文燦特別出席記者會，並向大家推薦：桃捷公司推出吉祥物「鶇鶇」擔任企業親善大使，也運用「鶇鶇」Q版造型，開發出五項商品，包含《最美好的禮物》親子繪本、親子雙面漁夫帽、鶇鶇可愛背包、吊飾及兒童貼紙等，討喜萌樣，值得蒐藏。公司也趁勢推出鶇鶇圖案的五折優惠七天定期票，吸引通勤族的購買，以及鶇鶇圖案的親子旅遊套票，行銷機場捷運沿線適合家庭、親子旅遊的景點。[10]

二〇二二年初，我們預期今年的第三季或第四季，隨著疫情緩和下來、防疫生活正常化，台灣的邊境管制有望逐步解除；企劃處因此再接再厲，開始與桃園的地方創生團隊、桃園青農、桃園青創、桃園客青等團體密切聯繫，目標是開發出桃園在地優質的伴

10 引自桃園捷運公司，二〇二二年八月十六日發布之新聞稿，「桃捷吉祥物『鶇鶇』登場 呆萌樣帶動沿線旅遊景點」。

手禮產品，並以國際觀光客及商務客為銷售對象。其中，在桃園市政府研考會主委吳君婷的引薦下，企劃處同仁接觸了以大溪 C house 地方創生團隊為核心的許多優良廠商，經過半年多的努力，與劉記茶業、草本誠食丹參飲品等近十家廠商，開發出多項優質的聯名伴手禮商品，並已獲得多家旅行業者和機關單位的訂單。

經營環境的巨大變化，刺激公司同仁的策略轉折，前述這些努力，所展現的正是企業的韌性，包括企劃處、公共事務室，以及維修處、運務處的同仁，都不放棄任何為公司開拓財源的機會。然而，在這個過程中，還是會出現讓人感到遺憾的個案，桃捷公司與大頭佛公司合作打造 A2 親子主題車站，即是其中一例。

二〇二〇年四月，大頭佛有限公司主動聯繫桃捷公司，希望和桃捷公司合作，結合節慶與公益，每個月推出不同主題展覽，經雙方勘查機場捷運沿線各車站，最後決定選擇 A2 三重站為展覽活動場地，因為三重站鄰近新北大都會公園，可以讓展覽結合大都會公園，成為一個機捷沿線必玩的親子景點，打造 A2 三重站成為「親子主題車站」，藉此活化車站提升運量和票收。這一項合作案，是以「節慶和公益」為出發點，先以七月蔡桃貴慶生為主題，之後再推出八月父親節、九月祈福月、十月職棒月、十一月感恩

■ 2022 年年初　拜訪劉記茶業總經理 Jenny

■ 2022 年 8 月　草本誠食丹參飲品總經理 Pamela 來訪

月、十二月聖誕節。

這是一項互惠合作案，不是招商案、也不是採購案。雙方以各自既有的資源來創造並增加彼此的營運效益，桃捷藉此案打造A2三重站為親子特色主題車站，提升運量、增加營收；而大頭佛公司除了以公益活動回饋粉絲，也藉由節慶系列活動來提高各社群媒體的新鮮度、點閱率和訂閱率。再者，雙方合作期間，親子主題車站佈展的設計、製作、施工、場復，以及期間的記者會和各項主題活動費用，全部由大頭佛公司負責支付。

這項合作案，是以桃捷A2車站商業版位、活動場地，和大頭佛公司的媒體廣告，包括YouTube影片和FB、IG等進行互惠合作，桃捷公司的政策很清楚，大頭佛公司所提供的「數位媒體廣告」市價須高於桃捷公司A2車站所提供的「商業廣告版位和活動場地」市價。

為什麼是「互惠合作」而不是「招商」或「採購」？實際上，公共事務室在公司內部提案時，會議中早有深入討論，林芸帆副管理師評估分析：作為甲方的桃捷公司，欲打造一個親子主題車站，若採取「招商」的方式，是要向乙方（廠商）收取租金費用，而以A2三重站去年（二〇一九年）平均日運量僅三千多人次，今年新冠肺炎疫情後，平均日運量不到二千人次，會有廠商願意付租金進場嗎？開發事業組的同仁過去努力了三年，還在等待有興趣的廠商。若採取「採購」的方式，是要付給乙方（廠商）費用，以今年公司因新冠肺炎疫情而仍處在虧損的情況下，經營團隊絕對不會同意。公司和大頭佛公司若採取「互惠合作」方式，對桃捷公司來說，是提供A2車站三年多來招商困難的商業版位、活動場地，但卻可以從互惠合作中，獲得運量提升所增加的客運收入，以及超值的數位媒體廣告效益。

這個案子後來經過公司的決策及行政程序，於二〇二〇年七月開始執行，乙方從七月十八日啟動，截至八月二十五日，已提供數位媒體價值達一千五百多萬元的廣告效益，另外七月十八日至二十一日展覽開幕記者會期間，包括電視、報紙、電子報等主流媒體，共五十篇新聞露出，PR價值超過百萬元，所帶動的運量也相當顯著，自七月十八日開展以來，A2三重站平均日運量增加近千人次，截至八月底，不到一個半月，保守估計增加近兩百萬元的客運收入。

這是一個很成功的互惠合作案，然而九月七日桃捷公司在議會進行定期會工作報告時，有多位議員卻以桃捷公司未收商業廣告版面和場地費為由，認為有「圖利廠商」之嫌，質疑有為特定網紅「開後門」的情形，並要求市政府政風處要進行調查。其後，媒體報導這次質詢內容，政風處也依議員要求進行調查，公司基於尊重議會及議員，與大頭佛公司進行協商，經兩方同意，提前結束合約及撤展。

這次事件，對公共事務室幾位具有專業能力、工作態度認真的年輕同仁，是一次嚴重的打擊，協商提前結束合約和接受調查期間，他們的心情和情緒反應，我都看在眼裡，也特別找這幾位同仁懇談並加以勉勵，並表達對於他們的提案初衷的肯定與支持。[11]

◆鼓舞士氣隨時準備重新啟程

對於剛通車營運才屆滿三年的機場捷運，就遇上新冠肺炎這隻超級黑天鵝，經營團隊的壓力不言可喻。邊境管制剛啟動的那段期間，除了例行的巡站，我也經常到桃園機場的第一航廈、第二航廈走動觀察，看到原本車水馬龍、人聲鼎沸的機場航廈，忽然間變得空曠沉靜，航廈工作的人員比旅客還多，餐飲區的商家服務人員，因為沒有客人而顯得無精打采。

有次巡站結束後回到辦公室，林芸帆副管理師來向我詢問，我們的協力廠商聯邦銀行，希望年底與桃捷公司合辦公益活動，看我有甚麼想法。我建議她，台灣因為疫情的襲擾，各行各業都受到程度不一的衝擊和影響，如果我們和聯邦銀行可以一起透過公益活動，來激勵人心、鼓舞士氣，一定很有意義；談話期間，我也跟她談起前述到機場航廈所看到的情景。

11

此案經桃園市政府政風處調查，結果並無不法情事，僅就行政程序瑕疵提出一些改善建議。我記得二〇二〇年六月，曾與公司企劃及行銷同仁討論如何提高車站及車廂廣告收入時，他們面有難色，也很誠實的告訴我，除非機場捷運各車站及列車車廂的平面廣告版位，能夠升級為數位電子螢幕，否則難以增加廣告收入，同時也要有更高的運量加持才有機會。我很高興也很謝謝他們以專業的角度說真話，也更加瞭解從前年開始，他們一直都在鑽研如何與數位媒體、社群網路平台進行合作。根據尼爾森媒體研究，台灣廣告投放比例，數位媒體和其他媒體（電視、廣播、報紙、雜誌及戶外廣告），在二〇一七年出現死亡交叉，廣告投放數位媒體的所占比例，以50.1%首次超過其他媒體所占的49.9%，此後廣告投放比例，數位媒體一路拉升，其他媒體則一直退守，二〇一九年數位媒體占比達60.2%，其他媒體則掉落到占比只剩39.8%，這其中電視媒體苦撐占比，平面媒體的占比急墜。

■ 2020 年 11 月 8 日　親愛愛樂弦樂團發表「希望的旅程」樂曲

經過半年期間的企劃、籌辦，我們在二〇二〇年十一月八日發表了「希望的旅程」MV。桃捷公司與聯邦銀行攜手合作，委託由王子建和陳珮文兩位老師所成立的親愛愛樂弦樂團，創作及演奏弦樂曲《希望的旅程》，並拍攝製作成MV。我們希望透過悠揚而充滿正能量的樂曲，結合小人物的故事，傳遞台灣人相互體諒、堅守工作崗位、努力不懈的精神。親愛愛樂弦樂團是由南投偏鄉的原住民族孩子們所組成，他們本身的故事就很能激勵人心。

二〇二一年十月，國內的疫情逐漸平穩，我們密切觀察國際疫情的變化，也期待國內防疫政策能夠逐步鬆綁。十月初，人力資源處的孫睿岑經理來跟我邀稿，她希望我可以在公司的電子報跟同仁勉勵、鼓勵幾句，我想了一下，覺得公司員工近日士氣有點低落，於是就撰寫一篇《重新啟程 直達美好》的文章，希望能夠鼓舞大家的士氣。全文如下：

新冠肺炎疫情對台灣的公共運輸影響甚鉅，我們公司經營的機場捷運受到的衝擊尤其嚴重，去年二〇二〇年三月邊境管制，桃園國際機場一天的服務人次從十三・三萬人次崩跌至不到三千人次，相較於二〇一九年，我們的運量也跟著減少百分之三十四；今年二〇二一年國內疫情較去年更為嚴峻，除了邊境管制持續衝擊入出境旅客運量，二、三級警戒下也影響到通勤和休閒旅客運量，今年一至九月相較於前年運量減幅達到百分之五十五。

自去年三月桃園國際機場啟動邊境管制，公司很清楚作為邊境防疫的第二道防線，除了確保系統運轉的穩定可靠，我們更要防護好旅客和員工的安全，以防疫為第一要務，設定機場捷運場域零感染為營運目標，十九個月以來我們做到了旅客和員工零感染；當然，我們也面臨營運以來運量和營收大幅減少的挑戰，我很感謝同仁們在艱難的環境下，能夠堅守崗位、謹守本分，戰戰兢兢的執行每一天、每一項工作任務，各部門都能夠一體同命，力行撙節、開拓財源以減少營運虧損。

最近國內疫情趨緩，民眾逐漸恢復搭乘公共運輸，我們的通勤及休閒旅客也明顯增加，儘管邊境管制仍未解除，但隨著國內外疫苗接種覆蓋率增加，民眾對疫情的恐慌心理降低，並開始學習與新冠肺炎病毒共存，相信我們的運量會持續恢復。最近公共事務室在公司的FB和IG上，陸續報導我們的旅客「桃園捷運人」的故事，一位是準備搭機出國勇敢追夢的留學生，一位是努力工作存錢購屋準備結婚的小資上班族，他們和我們一樣，都在嚴峻的疫情下堅韌地工作生活，並且懷抱希望、做好隨時重新啟程的準備。

機場捷運通車營運即將屆滿五周年，桃園捷運公司這幾年來已經逐漸形塑出自己的組織文化：以旅客和員工的安全為最優先（安全第一），以科學精神和務實態度做好工作（務實認真），以創新作為公司永續發展的基石（創新永續），以及重視團隊建立與團結合作的工作倫理（團隊合作）。在公司同仁的共同努力下，機場捷運的系統安全、穩定，服務品質持續提升，今年二〇二一更獲得臺灣服務業大評鑑軌道運輸類金牌獎的肯定與殊榮。疫情和所有的風風雨雨終將過去，期許所有的同仁懷抱著重新啟程的勇氣與直達美好的信心。

二〇二一年十二月七日，為了感謝一路走來員工和旅客的支持，桃捷公司再度與聯邦銀行攜手發表「乘載夢想 直達美好」影片，邀請奧運田徑國手楊俊瀚、射箭國手魏均珩、跆拳道國手蘇柏亞、桃園快樂國小直排輪選手洪于謙以及在國際霹靂舞比賽多次獲獎的TC舞團，以他們努力不懈的故事傳遞桃捷「專注前進的方向」的精神。當天活動的新聞稿內容如下：

桃捷公司今（七）日於AI台北車站舉辦「乘載夢想 直達美好暨運量突破一億記者會」，交通部長王國材、桃園市長鄭文燦、鐵道局局長伍勝園、桃捷董事長劉坤億、總經理鄭德發、聯邦銀行總經理許維文皆共襄盛舉，期盼透過影片傳遞「堅持、夢想、美好」的正能量，激勵每一位正在努力中的你（妳）。

交通部長王國材表示，他曾經是「桃園機場捷運營運推動小組」召集人，看著機場捷運的誕生與成長，是交通部、桃園市政府及各方地方政府努力合作，成就了台灣最重要的交通建設之一。不僅大幅提升桃園國際機場競爭力，也讓台灣被世界看見，交通部也會持續支持桃捷公司，讓機捷營運更加蓬勃發展。

桃園市長鄭文燦也感謝交通部、台北市政府、新北市政府及桃園機場公司等支持與協助，讓機場捷運營運順暢。他期盼未來，桃園市政府與交通部鐵道局一起研議增加班次及提速等計畫，縮短首都到機場的旅運時間，提升機捷競爭力。鄭市長也說，受到新冠疫情影響導致機捷運量大幅減少，但桃捷公司團隊仍秉持熱情，在專注、勇敢前進的精神下認真做好每一項服務，交通部、台北市、新北市及桃園市等三個市政府及桃捷公司董事會，也會給予桃捷公司最大的支持，一起渡過疫情的難關。

機場捷運運量即將到達一億人次里程碑，桃捷董事長劉坤億表示，感謝公司一千兩百多位員工堅守崗位，即使在疫情期間仍榮獲二〇二一年台灣服務業大評鑑－軌道運輸類金牌首獎，這是大家堅持努力的成果，劉董事長也感謝交通部王國材部長、鐵道局伍勝園局長，在這兩年受疫情導致營運艱困的狀況下，同意運用機場捷運聯外系統計劃工程結餘款九．八八億元，來挹注購買設備及物料，大大降低了機場捷運的營運成本；他也特別感謝鄭文燦市長，在各項政策以及管理的措施都給予桃捷公司最大的支持。劉坤億董事長也期盼，將桃捷專注前進的方向和努力不懈的精神，透過「乘載夢想　直達美好」的影片，傳達給整個台灣社會積極、正面的能量。

聯邦銀行許維文總經理也祝賀桃捷運量即將突破1億人次，並表示聯邦銀行是桃園捷運的好夥伴，不僅進駐機場捷運沿線車站設置自動化ATM服務區、並於A1台北車站、A12機場第一航廈站裝設外幣兌鈔機及外幣機，同時結合「輕旅行」概念在A3新北產業園區站、A8長庚醫院站及A12機場第一航廈站三個據點打造各式主題館，希望能提供旅客交通上更便利的金融服務。

桃園機場捷運總運量終於在二〇二一年十二月十七日正式突破1億人次，在律師及二十一個車站錄影設備見證下，第一億位幸運兒誕生於A18高鐵桃園站，我代表公司贈送「乘載夢想 直達美好」專屬紀念票卡乙張，可享啟用後一年期間不限區間、不限次數免費搭乘機捷。

機場捷運自二〇一七年三月二日正式通車營運，歷經四年九個半月，終於在二〇二一年十二月十七日載客服務突破一億人次（若非疫情，應該可以提前一年達到），我親自到現場恭喜第一億旅次的乘客，並發表簡短談話：「希望全球的新冠肺炎疫情早日結束，國境管制也能夠盡早解除，機場捷運可以服務更多的國內外旅客，也能夠更快的

■ 2021 年 12 月 7 日　於 A1 台北車站舉辦「乘載夢想 直達美好暨運量突破 1 億」記者會

■ 2021 年 12 月 7 日　推出〈乘載夢想 直達美好〉形象廣告

■ 2021 年 12 月 17 日　桃園機場捷運第一億位旅次乘客

再突破二億的載客人次；載客突破一億人次，是桃園捷運公司的重要里程碑，我們會堅守企業使命，提供安全、可靠、優質的捷運服務；我們認為桃園捷運不僅僅是乘載旅客，也乘載著每一位旅客的夢想，我們會專注前進的方向，和所有的旅客一起直達美好。」。

歷經兩年半、達九百三十八天的國境管制，終於在二〇二二年十月十三日解封。儘管我已經因任期屆滿，離開桃園捷運公司一個多月，但這段期間我仍然十分關心邊境管制何時解除的訊息；九月下旬，當中央指揮中心宣布邊境解封確切時

■ 2022 年 10 月 1 日　推出〈終於，見到您〉形象廣告

間的那一刻，我的心情十分振奮，感到桃捷公司終於熬過嚴峻的挑戰、否極泰來。

二〇二二年第一季時，公共事務室已默默地企劃年度宣傳影片，並且也與好夥伴聯邦銀行進行劇本討論，設定好「邊境管制即將解除，桃園機場捷運與聯邦銀行已經準備好服務入出境旅客」的腳本，影名為「終於，見到您」。這支影片是希望喚起大家出入國境時，搭乘桃園機場捷運的美好記憶，影片中散發著桃捷公司所有的員工，每時每刻始終保持正向積極的態度，做好各項整備工作，隨時迎接每一位旅客的到來。

第五章 公司永續須前瞻

規劃和建造一條捷運必須有遠見，公司永續經營也必須有前瞻的思維。桃園捷運公司成立於二〇一〇年，迄今剛滿十二年；桃園機場捷運是桃捷公司所負責營運的第一條捷運線，未來桃捷公司還將接續營運桃園市政府規劃興建的其他捷運線，包括已在興建中的桃園捷運綠線、甫於二〇二二年十月十二日通過環評的桃園捷運棕線、十月二十六日剛通過環評初審的桃園捷運綠線延伸中壢線、年初已提送交通部審查可行性研究成果報告的綠線延伸大溪線等，以及五月六日獲得交通部同意備查的桃園捷運路網2.0計畫。展望未來，桃園捷運第一階段路網建設完成，桃捷公司營運的路線長度將達一百公里，待第二階段路網陸續建設完成，營運總長度將超過二百公里。

目前桃捷公司員工的平均年齡為三十六歲，我在公司經常勉勵年輕的同仁，桃園的捷運建設正處於成長期，未來公司的組織規模會持續擴大，只要肯投入、肯努力，一定有職涯發展的好機會；同時，我也經常提醒高階主管，我們有責任好好帶領這些年輕人，為桃園培育優秀的軌道人才，並為公司永續發展奠定良好的基礎。

第一節　以人為本的公司治理

承蒙臺灣大學管理學院柯承恩教授的邀請，我在台灣社團法人中華公司治理協會成立初期，擔任協會監事兼準則委員會副主任委員，當時除了積極推動國內上市上櫃公司導入公司治理制度外，也協助政府機關所屬公有事業單位、法人組織，強化公司或法人治理的政策行動。當時協會參照各國規範，將公司治理定義為：「公司治理是一種指導及管理的機制並落實公司經營者責任的過程，藉由加強公司績效且兼顧其他利害關係人利益，以保障股東權益」。從狹義的角度來看，公司治理是指存在於公司股東、董事會、內部監察機制、管理階層間有關參與決定公司管理及其經營之關係；而廣義的公司治理則不只探討股東或內部監控機制對管理者的制衡，更進一步將「利害關係人」

(stakeholders)的角色及功能納入討論，諸如員工、客戶、供應商、債權人、政府機關與社區等。[1]

桃捷公司的公司治理是採取其廣義的觀點，不僅重視股東、董事會、內部監察機制與經營團隊的關係，同時也重視與包括員工、旅客、協力廠商、債權人、中央及地方政府機關、非政府或非營利組織、協力合作夥伴和社區等利害關係人的關係。其中，員工是公司最為核心與密切的利害關係人，我們非常重視與員工共同培養出來的信任和一體同命的關係。

◆優先改善員工的工作環境

二〇一五年，桃捷公司陸續接管機場捷運各廠辦和場站，次年九月我到任後，發現可能是公司人員剛入駐新場域，加上正忙於籌備通車前的人員訓練和配合各系統測試，所以包括行政大樓、行控大樓、各廠及全線場站的工作空間及設備設施，都還沒有妥善規劃和配置，看起來好像是「臨時工作地點」；為此，我特別召集經營團隊和二級以上主管，溝通員工工作環境應該優先改善，我強調有妥善的工作環境，才能確保員工的工作安全，也才能安定員工的心，員工的心定下來才能把事做好。

實際上，當時交通部高鐵局是有提供相關經費，並委託桃捷公司辦理各項內裝及設備採購，可惜先前經營團隊未將此列為優先辦理事項；經過幾次會議的溝通和協調，分配並確定各單位所負責建置、裝潢的空間，很快的，各部門和單位的辦公室、中心作業室、廠辦公室、全線場站辦公室及作業室、會議室、訓練教室、庫房、機房等，陸續完成內裝及作業環境的優化。以維修廠為例，由於場域內的作業有一定程度的危險性，如果機具未嚴格規範作業區、作業人員動線沒做好規範與限制，工安就難以落實和確保；再以經管部門的辦公室為例，如果沒有依照業務性質及行政協調頻率，配置適當的辦公空間區位，行政效率就難以發揮出來。第一階段工作環境改善完成後，我隨即指示經營

1 引自中華公司治理協會官方網頁，協會於二〇〇二年三月創立，創會理事長朱寶奎先生，第一、二屆理事長柯承恩先生（二〇〇四年一月～二〇〇八年三月）。感謝柯承恩教授邀請我加入協會，一起共事期間，讓我深刻瞭解公司治理的內涵及其精隨。

團隊實施並落實整理（sort）、整頓（set in order）、清掃（shine）、標準工作流程（standardize）、持續養成良好工作習慣（sustain）、安全（security）的6S工作環境現場管理。

接著，公司徵集員工對於工作環境改善的意見，並檢視相關法規，進一步實施工作環境優化；其中，包括立即著手設置哺集乳室、運動健身設施、諮商室、增設醫護室及員工餐廳設施優化等。上述措施的執行過程，主辦單位的同仁是懷抱照顧自己家人的心情在執行，以哺集乳室的設置為例，人力資源處的同仁不只是依據法規的標準，他們希望設置的哺集乳室，是能夠讓新手媽媽消除緊張感，在舒適且能真正放鬆的隱密空間，完成他們溫馨而神聖的任務。

人力資源處也和總務處、工安處、運務處、維修處等單位合作，一起打造母性保護的友善職場，訂定母性健康保護計畫、建立妊娠員工工作調整機制、優於法令給假、提供生育補助、定期舉辦親子日活動、設置哺集乳室及孕婦專用停車格。我們用心和努力的成果也受到肯定，桃捷公司在二〇一九年獲得桃園市政府評為母性健康守護模範事業單位。

在徵集員工的意見中，為數眾多的員工建議公司設立幼兒園，這並非一件容易的事，卻是一件能夠提高員工工作生活品質和幸福感的事。我們經過一段時間的需求調查和方案評估，認為由公司自行設立並進用幼兒園教職員工，無論是建置費用或是人事成本都非常高，且隨著時間推移，員工平均年齡遞增，這項需求反而會遞減，因此，這實在不是一項可行的方案。

同時間，我們也向桃園市政府教育局請教，有沒有比較可行的方案，能夠促成桃捷公司順利設立幼兒園？當時的教育局局長高安邦，幫我們想了一個可行的方案，他建議桃捷公司可以考慮與教育局合作設立非營利幼兒園，桃捷公司提供適合的空間場地，教育局提供建置經費，再委託給非營利幼兒教育機構來經營，並開放大園區市民申請幼兒就讀。經公司總務處評估後，我們覺得這個方案很可行，桃捷公司青埔機廠剛好有適當的空間場地，且不需要負擔建置費用和人事成本，這是兩全其美的方案。

這項方案由教育局和桃捷公司共同提案，在鄭文燦市長的支持下，很快便進入實際執行階段，過程中雖然需要克服許多行政程序和法規適用問題，但在教育局的協助和公司總務處同仁的積極興辦下，歷經兩年多的努力，桃捷非營利幼兒園終於在二〇一九年十一月二十八日正式揭牌。

桃捷公司在青埔機廠設立桃園第一個由企業與市府合作的幼兒園，是全台灣第一個以捷運車廂、綠色軌道運輸意象設立的幼兒園，共招收一百三十六名二至五歲學齡前幼童，也是大園區第一個設置二歲專班的非營利幼兒園。三年來，桃捷非營利幼兒園深受大園區市民的喜愛，也滿足了公司一部份員工的需求，目前在現任教育局長林明裕的大力協助下正在籌設增班，希望藉此服務更多的市民家庭和桃捷公司員工。

我在桃捷公司服務期間，很喜歡和幼兒園的孩子們互動，很謝謝呂瑩瑩園長和老師們，經常帶著孩子來我的辦公室「串門子」，並製作各種節日活動的邀請卡、由孩子們親自遞送給我。我知道這是一種教育和學習的過程，也非常榮幸並樂於配合這類的生活教學。我還記得第一次，有兩位孩子來邀請我參加幼兒園的活動，其中一位孩子靦腆地問我：您為什麼被叫做「董事長」？怎麼樣才可以當董事長？當我還在想怎麼回答時，另一位孩子搶著說：董事長就是「最懂事的人」，只有最懂事的人才能當「懂事長」；一時間，辦公室裡所有聽到的大人們都大笑了出來。傍晚時刻，我喜歡站在三樓辦公室的落地窗前，看著社區的家長、公司的同仁和剛下課的孩子，大手牽小手，輕鬆漫步在綠色步道上，邊走邊談笑；看著如此美好的畫面，覺得這就是人間天堂。

■ 2019 年 11 月 28 日　桃捷非營利幼兒園揭牌

■ 2022 年 3 月 30 日　桃捷幼兒園第三屆畢業生大合照

◆合理調整員工的薪資待遇

薪資待遇，對於公司而言是用人成本，對於員工來說則是維持基本生活費用和生活品質，乃至維護專業尊嚴的基礎；薪資管理始終是公司人力資源管理最重要的一環，薪資管理的良窳不僅影響到公司營運成本的管控，對於人力資源的獲得、留任、員工的工作投入，以及激勵工作士氣等都有很大的影響。

二○一六年九月到任後，優化公司制度是我的工作重點之一，其中人力資源管理的相關制度是我相當重視的部分；從管理的角度來看，人力資源管理制度健全妥適，員工的心才能穩住，員工的心穩住了，公司的營運才能穩定中求發展。二○一七年三月桃園機場捷運正式通車營運，在此之前，公司同仁全力以赴拚通車，甚少聽到有同仁對薪資待遇有意見；然而，這並不表示公司的薪資待遇水準已經符合同仁的期待，與同業間相當，或制度已經齊備；通車營運後，公司開始有穩定的客運收入，人力資源處也開始著手檢視和檢討公司的薪資待遇。

我提醒人資處，員工的薪資待遇不能單純從用人成本來檢視，更要從內在和外在公平性來檢討，如果薪資報酬有內在的不公平，容易造成公司內部的不和諧，如果與同業間的薪資報酬有明顯的落差，尤其是薪資水準低於同業，我們在人員招募和留任人才方面會出現問題。人資處同仁的效率很高，藉由資料的蒐集分析和公司內部的訪談，很快的就提出合理調整員工薪資待遇的方案。

人資處在高階主管會議中報告，員工薪資待遇的合理調整，包括三方面：其一，員工整體待遇水準與同業相比較，低於台北捷運，略高於高雄捷運，由於公司營運場域位於台灣北部地區，為利於人才招募及人才留任，宜藉由基本薪資、職務加給、專業加給、危險加給、夜點費發給等的漸進調升，以達到薪資水準的外部公平性。其二，為達到內部公平性，宜建立基層從業人員職務或工作的加給分級制度，以避免不同工卻同酬的情況發生。其三，公司現行「獎金發給要點」中的獎金種類，包括工作獎金、年終獎金、特別獎金及績效獎金，實際固定發給的只有年終獎金，宜參考同業作法，修訂獎金發給要點。

會議中，在經營團隊和一、二級主管充分交換意見後，我提出三點裁示：第一、請人資處盡快啟動「獎金發給辦法」的修訂作業程序，以二〇一八年能夠適用、實施為目標；其二、在桃園市府核定的預算員額、用人費用內，儘速修訂基本薪資及各類加給的標準，以利爭取董事會的支持、市府的核定；其三，本公司為事業單位，在合於法規的前提下，應考慮導入績效薪酬制度，讓薪資制度更具有實質的激勵效用。

在董事會和市政府的支持下，桃捷公司在二〇一八年，開始合理調整員工的薪資待遇，包括：調升基本薪、職務加給及專業加給百分之三，提高危險加給核發上限，調升夜點費發給標準，新增考核獎金及激勵獎金，提高年終考核考列一等及二等的晉級級數，以及新增特休假補助等。這一年，由於軍公教調薪百分之三，另有鑒於機場捷運通車，營運初期為了鼓舞員工士氣、提高人才留任意願，董事會的共識度很高，前述因素都讓我們在推動員工薪資待遇調整時相當順利。

二〇一九年，由於前兩年的營運績效良好，加上議員在質詢時建議，公司有盈餘應該發給員工績效獎金，因此公司再次提案修訂「獎金發給辦法」，並說服董事會和尋求市府的支持，在公司經審定之年度決算有盈餘，且經增減政策因素計算後，超過當年度預算盈餘時，以不超過決算盈餘的百分之二十五範圍內，得依營運績效、單位績效及員工貢獻程度，按合理比例發給員工績效獎金，最高發給一．九個月薪給總額。二〇二〇年，經審定桃捷公司二〇一九年決算有二．三〇億元盈餘，儘管預期因全球新冠肺炎疫情大流行，將衝擊公司未來的財務狀況，董事會和市府仍依通過修訂的「獎金發給辦法」，同意核發績效獎金給桃捷員工。我個人很感謝董事會和鄭文燦市長的諒解和支持，同時也勉勵公司同仁，只要我們堅守崗位、兢兢業業做好我們的工作，等疫情過後、運量恢復，我們還是有機會拚出好成績、締造公司的盈餘。

同年，公司考量北北桃就業市場行情及人才競爭，並為追近同業台北捷運的新人起薪薪資水準，修訂「從業人員薪點折算薪額基準表」，調升基本薪百分之三；同時，新增基層從業人員加給分級制度，大小車站職位分級制，以及新增領班、技術士和控制員等的職務加給分級制，落實依工作輕重、繁簡、責任負擔程度來給與待遇，以達到公司內部的公平性。

二〇二一年十月，行政院宣布全國軍公教二〇二二年調薪百分之四消息後，公司同仁對於是否也能調薪十分關心，企業工會理事長陳盟翔也來拜訪我，表達公司同仁希望能夠爭取比照軍公教調薪。我具體回應陳理事長，除了說明公司是公有事業單位，調薪方面會就同業薪資水準或調薪情形、員工績效表現、留任優秀人才、物價調漲幅度、用人費率等因素綜合評估。我也誠摯地告訴陳理事長，我非常希望能夠幫同仁調薪，但公有事業單位的調薪不必然與軍公教的調薪同步化、一致化；同時，我也請他協助公司向同仁溝通和說明，公司的經營團隊一定會努力向董事會和市府爭取調薪，但是以目前公司因疫情而處於虧損狀態，還需要多方溝通、協調爭取支持。

二〇二一年年底，我們密切關注捷運同業及國營事業調薪的動態消息，由於同業和國營事業單位紛紛宣布調薪，同時物價調漲幅度明顯，於是我們決定研議公司從業人員調薪案，並開始著手多方溝通、尋求支持。經過三個多月的努力，基於捷運同業陸續在二〇二二年年初確定調薪，加上疫情期間同仁都兢兢業業、恪盡職守，做好各項防疫工作，提供旅客安心和安全的搭乘服務，整體服務品質更榮獲二〇二一年台灣服務業大評鑑軌道運輸類金牌獎的殊榮；因此，為肯定全體同仁在疫情期間辛苦防疫，同時為激勵士氣、提高人才留任意願，經營團隊於二〇二二年三月三十一日將調薪案提送董事會審議，獲得董事會的大力支持，順利審議通過，惟因機場捷運運量尚未回升，為顧及社會觀感，本次調薪幅度經理以上主管酌予調整為百分之三，一般同仁調薪幅度則為百分之四。在公司和企業工會的共同努力下，本次調薪案在五月五日經桃園市政府核定，並溯自一月一日生效。[2]

二〇二二年五一勞動節的前夕，公司於四月二十八日舉辦模範員工暨資深員工表揚典禮，毫無例外的，鄭文燦市長每一年都親自蒞臨公司頒獎。典禮前，我特意詢問多位主管、資深員工及模範員工：你們覺得市長會不會支持今年的調薪案？毫無疑問的，同仁們都知道鄭市長很照顧勞工，也信任他一定會支持這次的調薪案。其後，鄭市長準時蒞臨會場，在頒獎致詞時他就特別表示：今年初在其他捷運公司陸續宣布調薪後，他支持並指示桃捷公司也比照調薪，希望藉此鼓勵同仁一路以來堅守工作崗位、努力不懈的工作精神。實際上，現場的同仁在市府正式核定調薪案之前，已經提早一個禮拜確認了這個好消息。經過這幾年的合理調整，桃捷公司員工的整體薪資水準已經更加趨近於北捷公司，不僅激勵員工的工作士氣，也使得離職率明顯減少，公司的人事穩定度也逐年提高。

2 引自桃捷電子報 Vol.15，二〇二二年六月二十四日發行，「人資大頭條：一一一年從業人員調薪案順利通過」。

■ 2022年4月28日　桃捷公司2022年模範員工暨資深員工表揚典禮，鄭文燦市長蒞臨頒獎並宣布支持今年調薪

◆重視員工培訓與員工協助方案

員工培訓包括員工的培育與訓練，訓練是為了提升員工現在職務的技能，培育則是為員工培養下一個職務或未來任務的能力；除此之外，員工培訓也可以增進員工對公司的認同感，員工本身在職能成長的過程中也可以獲得工作的成就感和滿足感。桃捷公司將員工視為公司的人力資本，對員工培訓的投資不遺餘力。

在籌備營運期間，公司員工除了進用時的基礎訓練，隨著接管各類場站設備，也跟著興建及設備廠商學習和接受訓練。正式接手營運之後，公司已建立一套人員的培訓計畫，包括新進人員訓練、運務維修人員專業訓練、進階專業訓練、溫故及回流訓練；並且，為建立良好的工作團隊，提升作業品質和組織績效，也辦理各級主管職能訓練。再者，為關懷員工身心健康，打造活力、熱忱有效率的快樂職場，人資處人力發展組也定期舉辦「直達美好生活講座」，邀請國內各行業、領域的職場達人，分享工作及生活的美好經驗。

另外，為維護旅客安全，包括站務人員、司機員、保全、清潔、志工等第一線工作人員，均定期接受CPR+AED的急救教育訓練；再者，為強化第一線運務人員面對具攻擊意圖之旅客，或當發生暴力犯罪事件時的自主安全防護能力，除定期辦理自主防衛訓練外，也參加捷運警察隊的常年訓練，培養現場共同處理治安事件的默契。

人力發展組也協助各單位精進專業訓練的教材、優化訓練方法，以及培養訓練人員的訓練技能，以提升公司員工培訓的整體效果。隨著公司的成長，人資處的部分同仁也利用下班時間，申請大學研究所繼續進修，他們請我幫忙寫推薦信時，我從不會拒絕，我知道他們讀研究所的動機，是希望能持續提升人資處的功能，為同仁提供更好的服務。

身為公司的董事長，也就是一般所稱的「老闆」、「大家長」，我知道自己至少要扮演三種角色，我也稱其為領導者的「三道」：作之君，要能夠下達明確的指令；作之師，要能夠適時、適當的教導部屬；作之親，要視公司的同仁為自己的親人。過去六年來，在公司的每一天，我都在實踐這樣的理念。再者，從自己過去的工作經驗，也體悟出主管、領導者須具備「三力」：判斷力、決斷力、執行力，三力缺一不可。有判斷力，但優柔寡斷、缺乏決斷力，部屬得不到明確的指令，只會淪為「將帥無能累死三軍」之譏；有判斷力、也有決斷力，但下達命令之後就放任部屬自生自滅或當自走砲，這不是「充分授權」的真義，而是一種缺乏指揮道德的「不作為」，最後可能會被部屬批評為「一將功成萬骨枯」的主管。

前兩年，我將這些理念、體悟，加上一些個人管理實務上的經驗，整理成六個講次，並利用主管培訓的時間，與公司的主管們分享。這一系列的主題為《公司高階主管的六堂課－董事長的心得分享》，六個講次的內容如下：

第一講次：世界唯一不變的邏輯是變－主管如何建立知變御變的能力

第二講次：社會環境複雜、多樣、動態－主管如何建立系統思考的能力

第三講次：品質是服務業的致勝關鍵－公司如何導入和實踐全面品質管理
第四講次：有創新才有未來－公司如何保有持續創新的能量
第五講次：有道德才有領導力－主管須具備的三力三道
第六講次：有倫理才有永續發展：主管是樹立良好組織文化的根基

軌道運輸服務業是屬於壓力較大的行業，特別是運務體系的司機員、行車控制員，以及維修體系長年大夜班的各廠維修人員。二〇一七年三月正式通車營運後，我隨即指示工安處著手規劃將「員工協助方案」（Employee Assistance Programs, EAP）導入公司，協助同仁解決可能影響自身身心健康或工作效能的相關問題。工安處在觀摩相關行業、政府機關及大型企業的作法後，在專家的協助下規劃適用於公司的員工協助方案，並於二〇一七年第四季開始導入試辦，二〇一八年將所有第一線員工納入，二〇一九年已超過八成員工納入，二〇二〇年起全公司同仁均已納入。

桃捷公司的員工協助方案，包括組織、工作、健康、生活等四個面向。組織面向是由人資處主責，方案的重點在於支持及輔導各類社團的成立，尤其是運動類的社團，藉由下班後的社團活動，調劑員工的身心，也增進各部門人員的交流互動。工作面向也是由人資處主責，方案的重點在於職涯發展諮詢服務，這項協助對於新進員工適應公司的工作環境有很大的幫助。健康面向是由工安處主責，方案的重點包括員工生理和心理健康的維護，公司除了由三位護理師全力投入方案外，也聘請特約心理諮商師提供諮商服務，以及臨場醫師指導健檢結果不理想的員工改善健康情況。在生活面向方面，法務室協助提供法律諮詢服務，財務處協助提供保險、銀行優惠存款和貸款等諮詢服務；另外，公司也全力支持職工福利委員會辦理各項員工福利事項。

桃捷公司開始啟動員工協助方案時，我就很清楚地與各主責單位的同仁溝通和說明，軌道運輸服務業的工作壓力大，甚且許多工作內容和實況，可能包括同仁的家人都不一定了解，所以我們要成為同仁的有力後盾，員工協助方案要非常務實的執行，千萬不要淪為形式、做做樣子。我們的努力除了獲得公司同仁的肯定外，二〇一九年十一月也獲得衛生福利部國民健康署評為「全國績優健康職場－健康關懷獎」，二〇二一年獲得康健雜誌「CHR 健康企業公民」認證第四名佳績，二〇二二年十一月獲得教育部體育署「i 運動企業」認證標章。

■ 2019 年 11 月 13 日　桃園捷運公司獲衛生福利部國民健康署頒發「全國績優健康職場 – 健康關懷獎」

■ 2022 年 11 月 9 日　桃園捷運公司獲得教育部體育署「i 運動企業」認證標章，鄭德發總經理與公司運動類社團合影紀念

◆志工是我們的好助手好夥伴

桃園捷運志工隊成立於二〇一六年十二月二十三日，進行一個多月的志工訓練和熟悉機場捷運各車站後，在次年的二月二日就投入為期一個月的試營運服務，緊接著三月二日正式通車後，志工隊的大哥大姊們便一路服務到現在，在每一個車站、每一個時段，旅客都可以看到他們親切、熱忱的服務，志工隊是桃捷公司的好助手、好夥伴。

志工隊的大部分成員是來自各行各業退而不休、充滿活力和服務熱忱的大哥大姊，部分是青年學生利用暑假期間加入服務行列。志工隊成員臥虎藏龍，不乏精通英、日語的志工，甚至也有通曉韓語、泰語、越語和印尼話的志工，這對於國際旅客眾多的機場捷運而言，有他們在車站提供引導服務，確實為機場捷運的服務品質加分許多。跨年晚會和五月天等大型演唱會，大多在冬季舉辦，志工大哥大姊們不畏風寒照樣排班服務到午夜，他們的體力和熱情絕對不輸公司年輕的同仁。我們已經視桃捷志工為公司永續的人力資源。

這幾年，在先後任隊長方雲知大姊、王世周大哥和副隊長戴曉鵬大哥的組織領導下，桃捷志工隊的制度健全、運作良好，舉凡訓練、排班、觀摩活動，都安排得周全圓滿。去年國內疫情嚴峻期間，由於考慮到志工大哥大姊的年齡較長，為避免他們在車站服務時受到感染，有很長的時間暫停志工排班服務；後來疫情逐漸平緩，許多志工都向人資處反映，他們已經打了疫苗，身體有足夠的防護力，希望公司能夠盡快恢復志工的排班。桃捷志工，是機場捷運車站裡的美麗風景。

■ 2019 年 5 月 10 日　母親節前夕，到各車站送康乃馨給第一線工作人員，與志工服務時數最高的金蓮大姊合影

■ 2022 年 7 月 30 日　桃園捷運志工隊 2022 年度志工大會暨回流訓練大合照

第二節　永續思維的軌道建設與營運

規劃、興建完成一條軌道系統少說需要十年，一條軌道系統至少要能營運超過六十年以上才值得開發，所以我們經常說「軌道建設是百年大事」。

既然是「百年大事」，軌道系統在規劃興建初時，就有必要以永續的思維，來處理每一個重要的計畫階段和環節，舉凡路線的規劃能否有效緩解擁擠的城市人口，引導人口移居鄰近新生開發的市鎮；這條軌道系統的建設能否讓兩個或多個城市節點間的交通運輸更有效率、更能發揮綠色運輸的功能；軌道興建工程將在大地上留下深刻的痕跡，如何藉由先進的工程技術和工法，減少對生態、地貌、城市景觀產生衝擊；如果有機會，如何與其他軌道系統相連結，發揮軌道運輸的綜合效益，以及預留未來銜接其他軌道系統的可能性；乃至，思考到這條軌道系統進入營運期後，如何提高維修效能、降低維修成本，如何規劃重置核心機電系統的財務來源，以及如何維持穩健、永續的營運財務計畫，這是非常務實、至為關鍵的課題。

桃捷公司做為機場捷運的營運單位，深刻感受到健全的營運財務計畫，是至為重要的課題。當桃捷公司接手承擔機場捷運的營運責任時，就得面對許多客觀上的限制，須耐心的克服法規、行政程序上的難題，才有機會彌平因工程延宕所造成的營運前虧損，以及協助處理機場捷運系統產權移轉的問題；在此同時，也須發揮企業韌性、懷抱希望，面對及處理因意外遭遇新冠肺炎全球疫情及國家邊境管制，所造成的運量驟減、營運虧損的問題。

◆管用合一才有機會永續營運

目前桃捷公司在健全財務方面，有三項主要的挑戰：第一，近三年來受新冠肺炎疫情、國家邊境管制的影響，機場捷運運量驟減、客運收入嚴重減收，直接造成桃捷公司的營運虧損，截至二〇二二年年底，估算累計達二十六億元。

第二，因機場捷運工程延宕，造成桃捷公司營運前虧損十八．〇五億元（交通部負責十二．八七億元，桃捷公司自行負擔五．一八億元），交通部歷次函復桃捷公司「後續本部高鐵局將納入向機電承商求償事項」；其後，經桃園市政府與交通部多次協商，暫以納入機場捷運系統產權移轉方案一併檢討處理。二〇二二年三月，桃捷公司因面臨資本額即將用罄，函文向中央表達產權移轉方案緩不濟急，促請交通部提出有效填補方案以紓解桃捷公司的財務困境。

第三，機場捷運系統產權移轉案，迄今尚未獲致最終解決方案，A8長庚醫院站、A9林口站及A19桃園體育園區站等三站土開商場和住宅的租金效益，至今未能挹注桃捷公司營運機場捷運之收入項目。

第一項財務挑戰源自全球性的疫情災損，只能挺過，在此不多討論。至於第二項及第三項挑戰，目前已是連動併合的問題，機場捷運系統產權移轉對解決桃捷公司目前的現金流雖然沒有及時的效用，但對於公司的永續經營卻相當重要。

有關機場捷運系統產權移轉的問題，是一個複雜的問題。早於二〇〇九年八月，交通部在研議有關機場捷運系統地方主管機關及營運機構時，會議紀錄中載明：「基於管用合一及重置基金設置之需求，本案研擬優先朝向將本計畫產權移轉至地方政府之方式辦理，請高鐵局研擬將本計畫產權移轉至地方之利弊分析，並報部供決策參考。」然而，此案歷經十三年，機場捷運通車營運已進入第六年，產權移轉至地方政府的問題仍待最終解決。平心而論，這六年來行政院、交通部、鐵道局（前為高鐵局）、桃園市政府和桃捷公司，都想盡辦法希望能夠克服適法性的問題，以及適當的處理機場捷運產權移轉至桃園市政府，但由於此案缺乏法源和前例，以致耗費許多時日在克服法規適用及行政程序的限制。實際上，也早於二〇〇九年九月，交通部高鐵局在研議機場捷運系統財產權由中央移轉地方政府可行性的會議時，當時的財政部國有財產局曾說明並提醒：「機場捷運系統產權移轉地方政府，大捷法相關法令尚無法源依據，應請交通部再予釐清。」[3]

所幸，經過近幾年的努力，交通部和桃園市政府在行政院秘書長李孟諺的調解及指示下，已協商議定產權移轉方式，包括：其一，在動產部分，依據國有動產贈與辦法，採贈與方式移轉市府。其二，不動產部分，依據國有財產法第38條、國有不動產撥用要點，專案報院採有償方式辦理，且應以對價方式，經檢討扣除對價後，由桃園市政府支付中央。其三，有關A8、A9及A19土開場站，依交通部大眾捷運系統土地開發國有不動產租售作業要點規定，處分方式目前規定除標租、標售外，後續交通部將增修納入「讓售」（或個案解釋）方式辦理。目前全案經交通部函送國發會審議同意後已覆院。

二〇一九年，行政院秘書長協商過程中，亦曾請桃園市政府及交通部研議無償撥用的可行性。惟依各級政府機關互相撥用公有不動產之有償與無償劃分原則規定，各級政府機關因公務或公共所需公有不動產，依法申辦撥用時，以無償為原則。無償撥用之財產產權仍屬中央，桃園市政府經管機場捷運系統財產依「地方政府經管國有公用不動產相關收入解繳國庫作業要點」規定，其收入扣除管理維護經常支出，計算國庫應分配金額後解繳國庫；場站土地開發收益須回歸產權所有者，依法解繳國庫，無法挹注機場捷運營運及重置需求。雙方研議後，選擇優先採有償方式辦理，期使機場捷運營運之盈餘、場站土開效益，可以挹注機場捷運營運及重置需求。

3 本段所引會議紀錄內容，分別引自二〇〇九年八月二十日，交通部二〇〇九年八月十日「確立機場捷運系統地方主管機關及營運機構等事宜會議紀錄」；以及二〇〇九年九月十日，交通部高鐵局二〇〇九年九月四日召開研商「臺灣桃園國際機場聯外捷運系統建設計畫財產產權由中央移轉地方政府可行性會議紀錄」。

事實上，「管用合一」、機場捷運系統產權移轉至地方政府，一直都是中央和地方政府的優先選項，除了交通部於二〇〇九年即朝此方向研擬，二〇一五年交通部、高鐵局、桃園市政府、桃捷公司共同簽署「機場捷運興建及營運合作事項備忘錄」，也是根據「管用合一」原則，甲方（交通部、高鐵局）在承諾事項第七項中載明：「於甲乙雙方確認機場捷運系統完成驗收後，雙方同意依程序將系統之整體計畫內容，包含土地、建物、系統及設備等，完整移交給乙方，不得分割。」。

機場捷運系統產權移轉至桃園市政府的優點包括：一、財產管理與營運機構單一機關管理，事權統一。二、地方之重大建設、土地開發、交通管理策略、票價核定、道路周邊改善與公車路線調整等皆屬地方主管機關桃園市政府權責，可對營運機構有效管理或降低營運成本，促進捷運系統穩定健全之發展。三、地方政府可藉整合資源，以多元方式活化運用資產，協助地區產業及都市發展。四、後續路網系統建置時，可減少與機場捷運系統界面，系統整合較為容易，透過資源共用共享理念，簡化設施設備、空間及人力需求。五、地方政府可整合共通性需求，以提高採購效率，並降低採購成本節約財政性資金。[4]

我在歷次協商會議中也曾多次強調，實現管用合一，機場捷運才有機會永續營運，如果財產權在中央、營運管理權在地方，這種委託代理關係將隨著時間遞移，使雙方出現道德風險的機率提高，代理成本亦將逐漸增加。舉例，依「地方政府經管國有公用不動產相關收入解繳國庫作業要點」之規定，營運單位的盈餘須繳國庫，並且場站土地開發收益亦須繳國庫，那麼營運單位有什麼動機和誘因，努力撙節營運的成本支出，並經營好運輸本業和附屬事業？甚且，如果因為經營條件良好，出現超額盈餘，營運單位也會想方設法創造假性需求、消化掉超額盈餘。倘若擁有財產權的中央，想要避免出現前述的道德風險情況發生，則將付出相對多的監督和管控的代理成本。

4　引自交通部鐵道局，二〇二二年三月，「臺灣桃園國際機場聯外捷運系統財產歸屬評估及移轉方案說明」。

◆建立全生命週期的軌道建設原則

我個人在參與產權移轉的協商過程中，聆聽各方意見，能夠了解除開各方偶爾的情緒性發言外，實際上大家都在努力「依法想辦法」，畢竟如同財政部國有財產署（前身為國有財產局，二〇一三年改設立）初始曾提醒的，機場捷運系統產權移轉地方政府，大眾捷運法相關法令尚無法源依據。儘管在協商的過程，行政院秘書長曾裁示，不宜以個案認定方式處理，應於大眾捷運法及大眾捷運系統財產管理辦法修訂相關移轉通案原則；然而，交通部鐵道局也私下表達，恐難為單一個案修訂相關法規。有時，我不免會想，如果在二〇〇四年中央核定桃園國際機場捷運建設計畫的同時，也一併修正大眾捷運法及其相關法令，其後也就不至於陷入如此棘手的困局。

公務體系向來重視依法行政，所謂「有法就依法，無法就援例，無例可援就交付研議，交付研議就得靠運氣」。由於桃園機場捷運是國家重大建設案，又因為缺乏法源和前例，使得在處理產權移轉時，確實要有更多的耐心，以及給付更多的協商成本和時間成本。

然而，當二〇二〇年新冠肺炎開始步步進逼台灣，三月邊境管制啟動，對機場捷運的衝擊效應立即產生，當年度結算營收損益，出現純損七．三八億元，一年的虧損就吃蝕掉前三年累積的六．八〇億元純益，這樣的情勢演變，使得董事會和股東，對於產權移轉和營運前虧損彌平的進度，出現愈來愈多的意見。由於二〇二〇年度決算，公司累積虧損達十八．六二億元（含營運前虧損而尚未由中央填補的十二．八七億元），已逾實收資本額（三十億元）的二分之一，依公司法規定須召開臨時股東會議，由公司向股東提出報告，並積極研議及提出改善方案，其中包括股東增資等建議。近兩年來的股東會議，北北桃三市的股東代表逐漸有共識，對於目前機場捷運的營運虧損，並無增資意願，同意公司以短期企業貸款解決當前的燃眉之急；同時，均期望並歡迎交通部或其所屬桃園機場公司能夠入股。

客觀來說，即使機場捷運沒有受到新冠肺炎疫情和邊境管制的衝擊，三十億元的資本額，也實在無法因應營運前虧損的風險，以及在完全沒有場站土開效益的挹注下，還得負擔鉅額的重置費用。歸根結底，當桃園機場捷運系統建設在規劃階段，就應該從「全生命週期」的取向及觀點，務實的評估營運運量和財務計畫；並且，以台灣公共運輸票價不可能高的情況下，更要規劃藉由足夠的場站土開效益，來挹注營運及系統重置費用。

當前台灣的前瞻基礎建設所列的軌道相關計畫合計有五十八項、總預算高達兩兆元，為達建設計畫的最大效益，更應該以永續的思維、全生命週期的觀點來推動各項軌道建設。

第三節　創新發展智慧軌道運輸

桃園機場捷運進入營運階段，正逢資訊與通訊科技（ICT）高速發展時期，我們認為這是導入物聯網（IoT）、人工智慧（AI）、人工智慧物聯網（AIoT）的絕佳時機，適合應用這些技術在安全監控、預防性維修、智慧節能、旅客服務品質提升、以及所有可能的營運管理層面。在創新的道路上，我們很清楚「一個人走得快，一群人走得遠」，所以桃捷公司在通車營運的第二年（二〇一八年），就開始積極結合學術及研究機構，一起投入智慧軌道運輸的創新發展。

◆成立大數據聯盟積極發展智慧軌道

二〇一八年七月十日，桃捷公司、中央大學、臺北大學、元智大學、銘傳大學在桃園市長鄭文燦的見證下，共同簽訂「大數據產學合作備忘錄」，期待透過籌組大數據平台，讓桃捷公司達到優化服務、運量提升、設備國產化、降低成本的目標，也讓各大學藉由機場捷運作為測試場域，運用機場捷運系統的營運和維修大數據，進行產品研發和測試，達到產學雙贏的效益。

鄭文燦市長在簽約儀式中表示，軌道工業在台灣目前尚未具備市場經濟規模，想要直接做車輛製造、系統控制並不容易，但是我們可以在維修、後勤、營運服務等方面優化；因此，可以運用智慧科技做智慧行控、多元電子支付、隱形閘門等服務升級，還可透過智慧偵測強化行車安全及預防性維修，以及智慧節能等降低營運成本。他同時也期勉，桃捷公司與國內四所一流大學籌組大數據產學合作聯盟之後，能夠以機場捷運作為測試場域，共同爭取中央經費，進行軟硬體產品研發、人才培育、關鍵專利佈局，提升台灣在軌道相關產業的競爭力。[5]

大數據聯盟成立後，桃捷公司和臺北大學立即展開合作，運用影像辨識技術，共同開發列車動態偵測告警系統，以及列車監控畫面即時輔助系統，以掌握營運中列車所有狀態。另外，中央大學的企業規劃暨大數據分析中心，元智大學的大數據與數位匯流創新中心，銘傳大學的大數據統計研究中心，也陸續進行潛在合作項目的評估，並以運務和維修兩大系統智慧升級為目標；其中運務方面包括智慧服務、多元電子支付金流、智慧行控中心、無閘門系統，維修方面包括預測性維修系統、智慧偵測、智慧節能及零組件國產化。

一年後，二〇一九年八月五日，桃捷公司與七校簽訂擴大產學合作大數據聯盟平台，除了延續、深化去年與四校的合作模式，再加入東吳大學、高雄科技大學、中國醫藥大學等三所大學。鄭文燦市長再度受邀為簽約儀式見證，他致詞時表示，捷運是產學聯盟最好的實證領域，交通則是大數據應用最好的地方，智慧交通代表未來營運會更安全、更有效率、更舒適，也能更永續發展。[6]

桃捷公司與各校合作的項目包括：臺北大學林道通教授與桃捷公司共同研發的「列車佔據偵測輔助系統（Train Occupancy Detection System, TODS）」，運用於「i

5 引自桃園捷運公司，二〇一八年七月十日發布之新聞稿，「機捷籌組大數據產業聯盟 智慧捷運再升級」。

6 引自桃園捷運公司，二〇一九年八月五日發布之新聞稿，「攜手七校 機捷大數據產業聯盟擴大升級 智慧化再躍進」。

■ 2018 年 7 月 10 日　在鄭文燦市長見證下，桃捷董事長劉坤億、臺北大學校長李承嘉、元智大學校長吳志揚、中央大學副校長陳志臣、銘傳大學副校長王金龍，共同簽訂「大數據產學合作備忘錄」

■ 2019 年 8 月 5 日　在鄭文燦市長見證下，桃捷董事長劉坤億、臺北大學校長李承嘉、元智大學校長吳志揚、東吳大學潘維大校長、中央大學副校長陳志臣、銘傳大學副校長王金龍、高雄科技大學副校長馮榮豐、中國醫藥大學產學長邵耀華，共同簽訂「大數據產學聯盟合作備忘錄」

搭桃捷APP」列車動態中，讓旅客可以隨時掌握搭車時間，以及讓桃捷行控中心隨時監測列車運行狀態，以提升事故處理時的調度能力；中央大學的「智慧量測貼紙」，運用在無線雲端監控，測量車廂人流及濕度，即時智慧調控車廂溫度，不僅能隨時掌握乘客需求，更達到節能減碳效果；元智大學的「智慧化資料蒐集分析」，自動蒐集沿線活動，有效預測運量做為人力調度之參考；銘傳大學的「即時運量分析」，以視覺化圖形呈現自動化分時、分站、分票種之運量分析結果；東吳大學的「預測性維護」，透過數據分析，提高設備妥善率和降低維修成本；中國醫藥大學的「高電場電漿殺菌除味技術」，以智慧化方式調控車廂空氣品質；高雄科技大學的「第三代智慧轉轍器預警系統」，透過監測轉轍器及運用大數據分析，進行預防性維修處理，以提升營運安全及降低維修成本。

其中，「列車佔據偵測輔助系統」因有效改善以往行控中心監控列車模式，提高列車準點率及縮短列車異常調度時間，大幅提升系統穩定性，因此，在二〇二〇年十一月，榮獲由中華智慧運輸協會（ITS TAIWAN）頒發的「2020智慧運輸應用獎」。列車佔據偵測輔助系統是運用 AI 人工智慧技術，導入智慧影像辨識，以模擬人眼功能的方式，解析出列車所在位置、列車種類及駕駛模式等即時行車資訊；這套輔助系統有效應用於當列車行駛遇到異常事件時，能夠立即自動產生告警，提醒相關控制人員，在第一時間排除系統異常問題，維持捷運正常運行。

◆導入行動支付和電子支付提升智慧服務

桃園機場捷運為抵達台灣的第一哩路，代表國家門戶及城市進步，為了讓國內外旅客充分體驗和實現行動生活的便利性，配合國家發展委員會及交通部上位計畫，自二〇一八年起開始導入行動支付和電子支付服務，採分階段建置。

第一階段於二〇一八年十二月一日推出「桃捷 tickets」購票 APP，與「i 搭桃捷」APP 連動，乘客只要透過手機下載購票 APP，不需要找錢包、翻背包，輕鬆使用桃捷行動支付購票取得 QR code 乘車碼，於 A1 台北車站、A12 機場第一航廈站、A13 機場第二航廈站以及A14a機場旅館站，刷手機QR code即可過閘。這是國內捷運軌道業導入行動支付的首例。第二階段於二〇一九年五月一日完成全線二十一個車站開通刷手機QR code過閘，創造無零錢、無現金的消費環境，讓機場捷運旅客享受時尚、便利、科技的i時代。

智慧桃捷行動支付服務於二〇二〇年一月十六日進入第三階段，桃捷公司與國際四家主要信用卡發卡組織VISA、Mastercard、JCB、銀聯合作，開通信用卡感應支付功能，以及具有NFC功能手機，用Apple Pay、Google Pay等感應形式的手機信用卡支付功能，也能輕鬆通過閘門，再次讓搭乘桃園機場捷運的國內外旅客，大幅減少繁瑣的購票過程，真正體驗多元支付的智慧化服務。

第四階段是在二〇二一年一月二十七日完成，桃園機場捷運啟用第三方支付及電子支付，LINE Pay、一卡通MONEY、支付寶等支援乘車碼，提供刷碼過閘服務；在此同時，Samsung Pay也加入感應式過閘服務。自此，機場捷運不僅完整建置及提供行動支付和電子支付服務，也是實現最為便利的多元支付場域。

■ 2018 年 10 月 26 日　桃園捷運公司於 A12 機場第一航廈站舉辦「智慧桃捷輕時尚 行動支付 i 時代」記者會，由桃園市長鄭文燦、鐵道局副總工程司陳景池、國發會產業發展處處長詹方冠、國泰世華副董事長蔡宗翰，共同宣布機場捷運行動支付時代來臨

■ 2019 年 12 月 16 日　桃園捷運公司於 A12 機場第一航廈站舉辦「智慧桃捷 一卡在手直達世界的美好 - 信用卡感應支付」記者會，邀請桃園市長鄭文燦、行政院國發會副主委鄭貞茂、交通部鐵道局局長胡湘麟、經濟部中小企業處主秘陳國樑，一起體驗使用信用卡感應功能通過閘門

機場捷運第三、第四階段行動支付服務，是在新冠肺炎全球大流行期間陸續完成，雖然有點「英雄無用武之地」的小遺憾，但是隨著全球疫情緩解，國際移動將逐漸恢復到疫情前，屬於「無接觸消費」型態的行動支付和電子支付，一定能夠讓國內外旅客體驗到機場捷運便利及智慧化的服務，並且感受到我們這些年來的努力與創新。

◆啟用光纖電路完善高速傳輸智慧網

桃捷公司於二〇二二年五月三十一日通過國家通訊傳播委員會（NCC）核定並核發公眾電信網路審驗合格證明，成為全台軌道業第二家自建光纖系統並取得該執照的捷運公司。桃園機場捷運建置光纖電路總長度五十．八公里，涵蓋台北市、新北市及桃園市共二十一座車站，部分光纖電路自行使用外，規劃八十芯開放需求業者承租，目前租用的潛在客戶有電信業者、資訊業者及企業用戶，電信業者可藉此預防現有訊號中斷時，能達到即刻啟動備援訊號之目的；而資訊業者或企業用戶，可藉由本公司光纖直接將資訊傳遞至鄰近本公司沿線車站的分部資訊機房，達到資訊保密傳輸的效益。機場捷運不僅讓北北桃生活圈更為緊密連結，也期望透過捷運系統軌道佈建光纖電路，不僅完善高速傳輸智慧網，更能提升捷運沿線的軌道經濟發展。

桃捷公司自二〇一九年起於各車站、各機廠、各站外變電站、行政大樓等處建造完善的光纖電路傳輸系統，並應用於捷運通訊設備包括骨幹傳輸網路、子母鐘、無線電系統、閉路電視（CCTV）、遠端廣播及故障回報等，纜線建置採取站間一線到底的佈設方式，以減少訊號傳遞的損耗，而纜線鋪設於軌道纜線溝槽，並採波紋鋼管金屬鎧裝包覆，外層裹覆抗UV、耐磨擦、耐酸鹼之材質，能有效減少光纖電路受到外在環境的破壞。相對於一般道路挖埋的鋪設之方式，桃捷公司光纖具有低損耗、高安全性、保護性佳等優點，更能帶來安全穩定的訊號傳輸品質。[7]

這條光纖電路的啟用，須感謝前交通部長賀陳旦和時任高鐵局長胡湘麟的支持。二〇一七年，我剛接任桃捷公司董事長，在盤點各項重要設施設備時，維修處副處長李俊德反映，系統全軌只有一條專用光纖電路，為能確保營運的安全和穩定，他建議需要佈建一條備援光纖電路。建立備援光纖電路有自建和租用兩種方式，租用光纖電路比較快、每年付租金給電信業者，但經核算長期所負擔的租金並不比自建來得經濟合算，且機場捷運全線有多段處並無電信業者的光纖電路網，如果採取租用方式，電信業者需要再鋪設延伸光纖電路網，租金可能會提高、完成佈建的時間也會拖長。經過公司評估，最後決定採自建方式，優點在於長期效益比較高，專用備援光纖電路的安全性、保護性及穩定性都比較好，且自用外如有剩餘的光纖芯，還可申請為商業使用，增加公司的業外收入。後來，我分別向賀陳部長及胡局長爭取經費，除了說明上述的評估分析內容，也特別說明機場捷運是國家關鍵基礎設施，應獲致較高的安全性及穩定性的確保。

7 引自桃園捷運公司，二〇二一年六月九日發布之新聞稿，「美好再升級 桃捷全軌啟用光纖電路完善高速傳輸智慧網」。

◆共同發起設立智慧鐵道產業人才學院

二〇二〇年在交通部鐵道局的鼓勵、臺北科技大學的籌備下，結合臺灣鐵路管理局、台灣車輛公司、台北捷運公司、桃園捷運公司等四家軌道業者，以及臺北科技大學、元智大學、開南大學等三所大學共同發起，於四月二十一日在交通部長林佳龍、教育部長潘文忠的共同見證下，成立「智慧鐵道產業人才學院」，奠基於北部豐沛的商業、資通訊、半導體等產業資源，以培育鐵道車輛與系統設計、鐵道運輸服務之創新、鐵道工業4.0等產業人才為任務。

為了加速鐵道產業發展與創新，二〇二二年七月十三日由前述原發起單位與臺北大學、臺灣科技大學、文化大學，以及新北捷運公司，於桃園捷運公司簽署「第二屆智慧鐵道產業人才學院」合作意向書，期望能壯大智慧鐵道國家隊，共同協助達成培育鐵道頂尖人才和鐵道系統智慧化的目標。

這項合作意向書的簽署，是由交通部政務次長胡湘麟、桃園市政府副市長李憲明共同見證下完成。胡湘麟政務次長表示，第二屆智慧鐵道產業人才學院的合作，對於台灣智慧鐵道發展絕對是正面幫助，可協助推動財團法人鐵道技術研究及驗證中心，帶動鐵道國產化，將關鍵技術留在台灣，成立台灣鐵道國家隊。李憲明副市長也表示，在第二屆智慧鐵道產業人才學院啟動下，透過產學合作，共同發展智慧鐵道，可以完善台灣鐵道運輸，提供更為優質的公共運輸服務。

智慧鐵道產業人才學院召集人、臺北科技大學校長王錫福表示，台灣鐵道的創新與發展，近年來一直是政府的施政重點，同時是高度跨領域的產業，因此「智慧鐵道產業人才學院」發揮了很大的功能，過去兩年集中在課程、技術及業務發展，未來將整合各種硬體與軟體技術，透過產業界和學術界的密切合作，一方面進行人才培育，一方面也希望與國際上先進鐵道國家的技術接軌。

桃捷公司是智慧鐵道產業人才學院的發起單位和成員，創新發展智慧軌道運輸是桃捷公司的營運方向和目標。桃捷公司總經理鄭德發在會中也分享近來推動的智慧運輸技術，包括「智慧營運服務」方面，建立5G智慧軌道運輸系統及旅客服務數位化，同時提升運輸服務、維修效能、經營績效等效益；在「設備國產化」方面，透過電聯車維修設備的檢修數據分析、規格化等面向，運用學界的理論分析及資源共享合作下，創造產

■ 2022 年 7 月 13 日　第二屆智慧鐵道產業人才學院合作成員合影

學雙贏局面；在「人才培育」方面，讓桃捷公司專業運務及維修人才，透過合作的大學開辦鐵道相關課程進行經驗傳授，並提供學生及研究生實習機會。[8]

共同簽署「第二屆智慧鐵道產業人才學院」合作意向書的成員包括：臺北科技大學校長王錫福、臺北大學校長李承嘉、臺灣科技大學校長顏家鈺、元智大學校長廖慶榮、開南大學校長林玥秀、中國文化大學校長王淑音、臺灣鐵路管理局副局長馮輝昇、台灣車輛公司董事長蔡煌瑯、臺北捷運公司總經理黃清信、新北捷運公司副總經理詹炯穎及桃園捷運公司總經理鄭德發。

第四節　實踐企業社會責任

近年來，企業社會責任（CSR）的觀念逐漸在台灣盛行，對於桃捷公司的主管和所有同仁而言，實踐企業社會責任已經是工作生活的一部分。我在《公司高階主管的六堂課－董事長的心得分享》講次中，藉由「有倫理才有永續發展：主管是樹立良好組織文化的根基」的主題，讓主管們確立公司經營的根本理念，充分認知桃捷不只是公共「運輸業」，更是公共運輸「服務業」，除了追求營運績效，還要理解我們與旅客、社會和環境的倫理關係，桃捷公司須實踐待客如親的服務理念，並對社會、環境的永續發展有貢獻。

8　引自桃園捷運公司，二〇二二年七月十三日發布之新聞稿，「鐵道產官學合作簽署 智慧鐵道國家隊形成」；以及同一天雅虎新聞網報導，「智慧鐵道學院再添生力軍 培育人才邁向軌道系統智慧化」。

◆待客如親的服務理念

桃捷作為公共運輸服務業，旅客是我們主要的服務對象，也是公司治理的主要利害關係人之一；怎麼讓第一線的運務同仁在歷久的服務過程中，不要失去對旅客的服務熱忱？怎麼讓位於服務第二線的維修同仁，理解到自己的工作對於提供安全、可靠、舒適、便利的旅運服務是何其關鍵？這是主管在教導部屬時的責任。

桃捷公司的主管和同仁們都知道「乘載夢想直達美好」是我們的服務理念，每天有眾多的國內外旅客進出機場捷運的車站，搭乘我們的列車前往一個目的地，通勤上班上學、出國旅遊或趕赴商務行程、出國深造或遊學、返國回到久別溫暖的家、與朋友歡聚、為家人朋友購買一份禮物、為心愛的家人添購生活用品、觀看一場精采的球賽、看一場喜歡的電影或享受一份美食……，無論是什麼動機或原因，每一位旅客都是為了實現一個或大或小的夢想，進入我們的車站、搭乘我們的列車，尋求屬於自己的美好旅程。我們的工作任務就是乘載旅客的夢想，讓旅客直達屬於自己的美好。

我在大學任教期間，曾擔任行政院政府服務品質獎的評審委員，連續幾年的評審工作，讓我有機會訪視中央和地方眾多第一線的服務機關和機構，以及和許多專家學者切磋學習；經常，我們在訪視第一線單位的服務過程中也會受到感動，有人會以為這就是所謂的「感動式服務」，其實不然，經驗豐富的評審委員往往具備超乎常人的觀察力和敏感度，出自設計、刻意的「感動式服務」，逃不過他們的五官感知，是真心誠意、還是虛情假意，其實是很容易被判斷出來的。

因此，後來我們發展出「美學」的服務理念，也分享給眾多第一線的服務單位。美學是一種「感覺學」，我們聆聽一段音樂、欣賞一幅畫、品嘗一道食物、嗅聞一杯茗茶或咖啡，乃至身處在一個空間環境、與某人的互動，當我們有種舒服、愉悅的感覺，這就是一種美好，美學就是嘗試歸納人們獲致這些愉悅感覺的一種學問。舉例來說，很多國外的朋友來到台灣，都深刻感受到台灣人的友善和好客，很有人情味，就說「台灣最美麗的風景是人」；說得更清楚，我們的服務要做得好，一定要真誠用心待客，待客如親；眼睛是靈魂之窗，旅客從服務同仁的眼神中，很容易就能夠感受到友善、熱忱和溫度，即使戴著口罩，依然可以覺察出來。

前述源自美學的服務理念，我也經常和第一線服務的主管和同仁分享，有時候我也跟他們開玩笑：我們是機場捷運，也許我們沒有空服員的顏質，但是我們有美好的服務。我經常提醒車站的工作同仁，再忙也不要忘了關注進出的旅客，要透過溫暖、喜悅的眼神和笑容，讓旅客開啟他們每一段美好的旅程；我們都有自己的家人，也都希望家人在外能夠平安、順利，也許某個旅客也是服務我們家人的有緣人，只要我們做到待客如親，這種美好的服務也一定會迴向給我們自己的家人。

很高興，桃捷公司的服務理念和服務品質，在營運的第一年就獲得肯定，二〇一七年遠見雜誌服務大調查，機場捷運是「軌道運輸類」的第三名；即使在國內新冠肺炎疫情最嚴峻的時期，我們也獲得工商時報二〇二一年台灣服務業大評鑑「軌道運輸類」的金牌獎殊榮。

◆轉動社會善的循環

桃捷公司不僅轉動軌道上的輪軸，也希望藉由公益活動、共好合作來轉動社會善的循環。歷年來，公司利用聖誕節、母親節、婦幼節等特定節日，與在地企業或非營利組織合作從事各類公益活動，希望藉由拋磚引玉讓更多企業及民眾參與，將直達美好的理念傳遞到每個角落，共同實踐社會公民的責任。

桃捷公司自二〇一八年開始舉辦第一屆「桃捷盃足球賽」，共吸引三十六隊六百五十名桃園市國小小朋友參與；二〇一九年舉辦第二屆時，共吸引五十七隊桃園市國中、國小學生參賽；二〇二〇年第三屆擴大舉辦，共吸引七十四隊近千名桃園市、新北市及台北市中、小學生參加。桃捷盃足球賽是公益足球錦標賽，桃捷公司希望透過足球運動的推廣和市政府共同打造桃園成為運動樂活城市，進而培植國家足壇幼苗，替台灣足球發展盡一份心力；同時，也是為了鼓勵員工多運動鍛鍊強健體魄，同步舉辦公司的親職足球夏令營，讓員工帶著孩子看足球表演、練習足球技巧、參加足球趣味賽競賽，增進員工親子的美好互動；每年在桃捷盃足球賽舉辦前，桃捷公司都會遠赴偏鄉中小學捐贈足球，作為孩子們的比賽練習球。近兩年因疫情因素而暫停舉辦，期待二〇二三年有機會復辦，能夠看到孩子們在青埔足球場盡情奔跑競技。

■ 2018 年 7 月 28 日　第一屆桃捷盃足球賽

■ 2020 年 10 月 1 日　第三屆桃捷盃足球賽

桃捷公司除了與地方創生、桃園青農等團隊合作開發及銷售伴手禮產品，與地方共好合作、共生成長，也是我們實踐企業社會責任的重點。自通車營運以來，我們與車站周邊居民、商家及商場之間均維繫良好關係，共同打造捷運車站共生商圈，繁榮地方經濟。二〇二〇年五月開始，我們攜手沿線商家、桃園特色店家及在地小農，合作提供線上訂購、線下車站取貨的「桃捷 GOGO 購」服務。自二〇二〇年起，新冠肺炎疫情衝擊國內交通運輸業，機場捷運車站商家及服務入境旅客的廠商也深受影響，為降低疫情造成的產業連鎖反應，桃捷公司以實際行動，力挺與我們共生合作的車站商家及廠商，給予紓困減租、停租期間免收租金等協助，期能共度難關，等待疫情過後再一起共好成長。

疫情期間，桃捷公司全力配合市府提升市民疫苗接種涵蓋率政策，分別在二〇二一年與懷寧醫院合作、二〇二二年與佑民醫院合作，在青埔市民活動中心開設社區接種站，提供當地市民疫苗接種服務，讓青埔及周邊地區的市民能方便就近接種疫苗，免於舟車勞頓。從二〇二一年九月三日至二〇二二年八月五日為止，桃捷公司共辦理九十九場次接種服務，接種了四萬兩千六百八十四人次。

青埔市民活動中心疫苗接種站是由公司工安處勞安衛生組負責主辦，並由陳崗熒副總經理負責督導，各經管部門的同仁輪流排班支援。社區接種站開設期間，勞安衛生組的劉得樟經理及醫護室的三位護理師是最為辛苦的同仁，他們細心的規劃接種站的服務動線，力求接種站的環境舒適，提供最好的服務給來接種的市民。有一次我和來接種站支援的同仁聊天，並慰勉她的辛勞，她回應我說：「董事長，不會的，我們服務接種的市民愈多，疫苗覆蓋率愈高，疫情控制得愈好，我們的運量就可以愈快恢復。」。聽完她的一串話，我內心既感動又欣慰，同仁十分明白我們正在轉動社會善的循環。

■ 2021 年 9 月 3 日至 2022 年 8 月 5 日　桃捷公司在青埔市民活動中心設立社區接種站，共辦理 99 場次疫苗接種服務

◆環境永續綠色企業

桃捷公司的環境永續政策與承諾是「致力於節能減碳及環境保護行動，推動循環經濟，落實環評承諾，強化運輸系統因應氣候變遷的能力，齊心打造綠色低碳運輸及環保永續企業。」在特定的行動上，包括：每年執行年度環境影響評估，承諾落實環境監測計畫；於青埔機廠及蘆竹機廠屋頂自建太陽能發電系統；執行LED燈具優化、空調排程優化、列車班距調整等各項節能方案；落實綠色辦公措施及生態保育；依照「事業廢棄物貯存清除處理方法及設施標準」妥善處理各種廢棄物，並變賣有價廢料，挹注公司財源。[9]

在能源節流方面，桃捷公司於二〇一七年通車營運後即成立「節約能源委員會」，每季召開會議研析、追蹤及推動各項能源管理對策與措施，並鼓勵各單位同仁發揮創意，踴躍提出各項節能方案；經過近幾年的努力，二〇二一年總用電度數對比二〇一七年，節約幅度達百分之十九．四三。

在綠能開發方面，桃捷公司為落實綠色運輸理念，響應行政院「全力衝刺太陽光電」綠能政策，以及桃園市發展低碳綠色城市目標，分別於蘆竹機廠及青埔機廠屋頂，規劃及設置太陽能光電系統。蘆竹機廠於二〇一九年六月建置完成，設置容量為一九四五・九峰瓩（kWp），年平均發電量約為二二八萬度；青埔機廠於二〇二〇年十二月建置完成，設置容量為三六〇〇・三五峰瓩（kWp），年平均發電量約為四四一萬度；兩地於二〇二一年總發電量約為六五八萬度，可供應一千八百零七戶家庭用電，同時可減少三千四百七十五噸碳排量，相當於十三・二座大安森林公園的吸收量。

9　引自桃園捷運公司，二〇二二年九月發行，《桃園捷運 2017-2021 CSR 企業社會責任報告書》。

■ 青埔機廠屋頂太陽能光電系統

在生態保育與綠化環境方面，機場捷運蘆竹機廠建置之初，即規劃設置〇．九公頃的水利用地及約七公頃的生態保育區，蘆竹及青埔機廠內均建有滯洪池區及生態池區，生態池區內栽植多樣喬木、灌木、水生植物，並放養鴨、鵝及多種魚類等，周邊昆蟲、野鳥及蛙類聚集，是一個多樣化的生態環境。我們從二〇一八年起，每年植樹節前後辦理植樹活動，於青埔及蘆竹機廠綠地種植適合當地的原生樹種，歷次植樹活動均由董事長、總經理帶領主管，親手種植樹苗，向社會傳達「愛護地球、守護家園」的理念；近幾年更擴大辦理，邀請公司年度模範與優良員工、

■ 桃捷公司每年舉辦「愛護地球、守護家園」植樹活動

捷警隊，以及桃捷非營利幼兒園師生等一同參與植樹。五年來，我們已經新增栽植六百九十二株喬木，綠覆率增加六二二八平方公尺，每年可吸收約一萬二千多公斤的二氧化碳，為減緩溫室效應貢獻一份力量。

桃園捷運公司為了成就永續、善盡企業社會責任，同時建立與利害關係人之間的溝通橋樑，在二〇二二年九月首度發表《桃園捷運 2017-2021 CSR 企業社會責任報告書》，揭露我們在社會責任的作為與表現。這份報告書是依循「全球永續性報告協會」（Global Reporting

■ 捷警隊隊員和桃捷幼兒園師生一同參與植樹活動

Initiative, GRI) 的 GRI 永續性報告準則之規範進行撰寫，揭露桃捷公司在環境、社會及公司治理等三大面向，所進行的相關活動、作為與績效，我們希望能讓社會大眾看見桃捷公司在前述三個面向的努力與成果，展現我們成為企業公民一份子的決心。以下，是我在報告書前面所陳述的個人想法和心情，也作為本章的結語：

桃園機場捷運是臺灣公共運輸一個新的里程碑，串聯臺鐵、高鐵、捷運以及國際機場，並使北北桃軌道建設接軌，形成首都生活圈。自二〇一七年通車以來轉眼已過了五年，我們秉持「運輸服務、科技創新、信賴安全」的理念執行各項營運任務，營運迄今準點率皆維持在百分之九十九以上，更於二〇二一年完成破億旅次、優質且貼心的搭乘服務。桃園捷運公司的豐碩成果，來自於所有利害關係人的支持，希冀透過企業社會責任報告書與利害關係人說明及分享桃園捷運在環境、社會及公司治理等面向上的努力與成果，展現我們成為企業公民一份子的決心。

對公共運輸業而言，「旅客安全」是最基本的社會責任，自公司成立以來不斷強化營運安全及因應災害衝擊的韌性，追求可靠並令人信賴的系統服務水準。透過落實人員教育訓練、異常案例事件檢討、風險危害因子管控等作為以防微杜漸。更透過導入安全管理系統（Safety Management System, SMS），塑造安全第一的組織文化。在旅客安全的基礎上，我們同步追求高品質的服務，每年整體旅客滿意度皆達百分之九十六・三以上，並在「2021 臺灣服務業大評鑑」中，榮獲「軌道運輸類金牌獎」的肯定。

環境保護為永續經營不可或缺的一環，電力為捷運營運主要能源之一，因此，我們致力於節省營運能源及提升能源使用效率，二〇二一年總用電度數對比二〇一七年，節約幅度達百分之十九・四三，顯示我們對於節能管理的重視與成效。為落實綠色運輸理念，桃園捷運支持行政院「全力衝刺太陽光電」綠能推廣政策，以及桃園市發展低碳綠色城市的目標，於蘆竹機廠及青埔機廠屋頂空間建置太陽能光電系統，以增加綠色能源取得管道，共同減緩氣候變遷。

桃捷公司為響應永續發展倡議行動，配合桃園市政府於二〇一九年以聯合國永續發展目標（SDGs）為標準，強化營運計畫與SDGs的聯結，我們重新檢視業務內容，反思各項計畫的永續價值，檢視自身的永續發展措施，並連結六項聯合國永續發展目標（SDGs）呈現於報告書中。

二〇二〇年起，受新冠肺炎（COVID-19）疫情及邊境管制措施的影響，公共運輸業遭受巨大的營運挑戰，有著高度服務熱忱與使命的桃捷全體同仁，並沒有因此氣餒，積極提升防疫作為，守住邊境防線，提升通勤運量增加票收，展現堅強的企業韌性，由衷感謝桃捷人的堅持與努力。

面對嚴峻的現況，疫情的難關終究會過去，桃捷公司透過發行首本「企業社會責任報告書」，許下永續經營的承諾，專注前進的方向，把事情做得更好，期盼與各利害關係人攜手衝破瓶頸迎接美好的未來，持續往「世界典範 永續經營」的願景邁進

■ 第四屆董事會合影

■ 桃園捷運公司經營團隊於行政大樓大廳合影

後記

專注前進，直達美好

隨著全球新冠肺炎疫情的紓緩，台灣的國境管制在今年（二〇二二年）十月十三日起逐步解除，這一個月來，桃園機場捷運的運量已經逐漸回升，雖然與疫情前的運量水準還差一段距離，卻讓我們有一種否極泰來的感覺。

COVID-19全球大流行似乎已到了尾聲，但回顧過去三年，新冠肺炎帶給世人的災難和衝擊，是巨大且難以在人類歷史上抹除的集體記憶。截至今年十一月十五日，全球新冠肺炎總確診數已達六億三千五百多萬人（台灣確診數為八〇六萬多人），總死亡數也達到六六一萬多人（台灣死亡數為一萬三千多人）。

COVID-19全球疫情已經改變了這個世界，舉凡全球的產業鏈、世界秩序、公共衛生及醫療、科技發展、財富分配，乃至人們的社交方式、消費型態、飲食習慣、工作模式等，都已經無法再恢復到疫情前的狀態。疫情期間，全球的大眾運輸也受到嚴重影響，使用率明顯下降許多，台灣的情況亦復如此；後疫情時代，如何恢復且提高大眾運輸的使用率，是我們必須面對的新課題。

面對常態化的各類危機，桃捷公司必須具有強悍的企業韌性，善用利基（niche），前瞻未來，運用「射月思維」（moonshot thinking）在危機中尋求轉機。

過去六年，桃捷公司已形塑出來的組織文化，包括「安全第一」、「務實認真」、「創新永續」、「團隊合作」等四項，經過新冠肺炎期間的淬鍊，「企業韌性」也已成為桃捷公司的第五項組織文化。具有韌性的組織，不僅能夠適應環境的快速變遷，面對逆境時更能夠迅速調整策略轉折點，想盡辦法突破困局，度過難關，重新出發，再造佳績。

桃捷公司的利基，包括：第一，機場捷運是桃捷公司營運的第一條路線，這條捷運路線兼具機場聯外和都會捷運的雙重功能，除了滿足沿線居民通勤及休閒購物的交通需求，往來機場的出入境旅客占總體運量的比例高，入出境旅客平均旅程長，可提高整體旅次的平均運價。第二，機場捷運與高鐵、台鐵及雙北捷運系統的連結已形成第一階段的軌道路網，未來桃園都會捷運各路線陸續完成，桃捷公司所營運的捷運路線長度將達到二百公里以上，既是北北桃的城際捷運營運公司，也是連結桃園、中壢及航空城的都會捷運營運公司。第三，桃捷公司所營運的捷運路線，具有「後發優勢」（late-developing advantage），無論是智慧運輸的建置與發展，或是結合大眾運輸導向（Transit-Oriented Development, TOD）的都市計畫，均更為符合城市永續發展的趨勢。

桃捷公司在過去幾年，一直都是以「射月思維」來實踐公司的創新及永續發展。「射月思維」的概念源於一九六〇年代美國航空暨太空總署（NASA）的登月計畫，他們認為挑戰看似不可能的任務，最後即使失敗，也比別人的成就高。這也正是《孫子兵法》所強調的：「求其上，得其中；求其中，得其下；求其下，必敗。」。桃捷公司於二〇一八年即開始結合學界研發「列車估據偵測輔助系統」（TODS）提升系統穩定，以及導入多元行動支付提升智慧服務，這兩項創新方案都已經完成。目前桃捷公司在交通部鐵道局的支持下，正在建立 5G 智慧軌道運輸系統；另外，桃捷公司也配合桃園市政府經發局，推動「自駕巴士應用在大眾運輸接駁試運行計畫」，且已經在青埔機廠和 A17 領航站周邊社區試運行一段時間，希望未來自駕巴士可以成為捷運車站與鄰近社區間的主要交通接駁運具，提供第一及最後一哩路的運輸服務。

前瞻未來，桃捷公司亦須掌握台灣公共運輸的發展趨勢，及早研擬對應的相關方案。近年來，源自歐洲芬蘭的「公共運輸多元整合行動服務」（Mobility as a Service, MaaS）概念及其政策，已經逐漸擴散到台灣。MaaS 是一種滿足旅客的交通需求，整合多元交通運具成為單一的行動服務，旅客只要藉由智慧型手機的行動支付 APP 或電子票證，購買單程、單日或單月的優惠套票，即可使用此一無縫、及戶（seamless and door-to-door）的旅運服務。

國內的交通部運輸研究所，已於二〇一五年開始研析 MaaS 導入台灣公共運輸的可行性，並於二〇一七年實施兩項試驗性的計畫，分別是「台北市都會區及宜蘭縣交通行動服務建置及經營計畫」，以及高雄通勤圈為主的「交通行動服務（MaaS）示範建置計畫」。台北市和新北市也運用 MaaS 的概念，自二〇一八年四月十六日推出 1280 元定期票，三十天內不限距離、次數搭乘台北捷運、雙北公車及使用 YouBike 可享前三十分鐘租借免費。今年九合一大選，民進黨北北基桃市長候選人共同提出「1200 元交通月票」聯合政見，擴大整合台鐵、國道客運、捷運、公車及 YouBike 等多元運具，並尋求中央補助。

公共運輸多元整合行動服務（MaaS）是一個創新的公共運輸政策，較適用於城市及都會區域，其最終目的是希望減少私人運具的使用，緩解城市交通壅塞的問題，並藉由綠色運輸減少排碳，以達到城市環境保護和永續發展。MaaS的政策價值與桃捷公司的企業社會責任及永續發展理念相符；同時，桃捷公司所負責營運的機場捷運，以及未來將接續營運的桃園捷運各路線，是北北基桃首都圈公共運輸系統的一部分，是以，有必要前瞻未來趨勢，預先做好各項對接的工作。

後記，是繼本書主體內容之後，補記主體內容可能未及或疏漏的部分；後記，再如何補記也還是會有闕漏，就留待有心人繼續給予補充。本書雖然是記錄桃園機場捷運通車及營運初期的歷程，但同時也記錄了桃園捷運公司的蛻變和成長。共勉一起專注前進，祝福大家直達美好。念念不忘，必有迴響。

桃園機場捷運通車營運大事紀

◆二〇〇三年

十月二十八日　交通部指定高鐵局為「臺灣桃園國際機場聯外捷運系統建設計畫」之工程建設機關

◆二〇〇四年

三月九日　中央核定桃園國際機場捷運建設計畫

◆二〇〇六年

六月二十六日　行政院長蘇貞昌為機場捷運工程主持動土典禮

◆二〇〇九年

九月一日　交通部指定桃園縣政府為桃園國際機場捷運的地方主管機關

◆二〇一〇年

七月六日　桃園大眾捷運股份有限公司成立

◆二〇一一年

八月四日　機場捷運首列電聯車（普通車）運抵青埔機廠

八月五日　機場捷運全線高架橋段合龍

◆二〇一四年

一月十五日　高鐵局正式執行機場捷運系統整合測試（IST）

七月十九日　桃園捷運公司正式搬遷進駐青埔機廠

◆二〇一五年

三月三十一日　桃園捷運公司正式進駐接管 A17 領航站至 A21 環北站，並於 A17 領航站成立全線第一個維修據點

五月十三日　成立「機場捷運營運檢視專案小組」

八月二十七日　與交通部高鐵局簽署「機場捷運興建及營運合作事項備忘錄」

九月二十三日　正式啟動營運前運轉測試（PRSR）

十二月二日　接管 A12 機場第一航廈站及 A13 機場第二航廈站，由南向北逐步接管各場站

◆二〇一六年

三月一日　正式接管行控中心控制室

三月十三日　桃園市政府警察局捷運警察隊成立

八月二十七日　監理調查委員會提出「台灣桃園國際機場聯外捷運系統建設計畫監理調查」總結報告，正式啟動系統穩定性測試

九月一日　啟動營運模擬演練

十一月二十日　通過系統穩定性測試

十一月二十九日　完成營運模擬演練共計 108 場次

十二月三至四日　辦理初勘作業

十二月二十三日　桃園捷運志工隊成立大會

十二月二十九日至三十日　辦理履勘作業

◆二〇一七年

一月二十五日　取得交通部核發機場捷運營運許可

一月三十一日　總統蔡英文視察機場捷運

二月二日　啟動機場捷運試營運團體試乘

三月二日　機場捷運正式通車營運

四月十二至十三日　完成首次大型活動疏運作業（英國 COLDPLAY 酷玩樂團於 A18 高鐵桃園站前舉辦演唱會）

四月二十四日　與桃園機場、日本關西機場及南海電鐵簽訂台日雙機場／雙軌道合作備忘錄

八月二十五日　運量突破 1000 萬人次

十二月六日　推出首支桃園捷運年度形象影片《直達美好》

十二月七日　2017 遠見服務業滿意度調查 - 勇奪軌道運輸業第三名

◆二〇一八年

一月十八日　與桃園機場、日本關西機場及南海電鐵合作推出「旅行台灣大阪乘車券」
二月十五日　運量突破 2000 萬人次
五月三十一日　與日本京成電鐵簽署合作意向書
七月十日　成立大數據產學聯盟
七月二十八日　舉辦首屆桃捷盃足球賽
十一月八日　導入 ISO 9001:2015 與 ISO 45001:2018 雙系統建立、推動及認證
十一月十五日　「i 搭桃捷」APP 正式上線
十一月二十三日　與日本京成電鐵合作發行「旅行台灣東京乘車券優惠套票」

◆二〇一九年

一月二十一日　與日本阪神電鐵簽署合作意向書

一月三十日　桃園捷運公司榮獲防護演習績優獎
三月九日　與日本阪神電鐵合作推出彩繪列車
五月一日　機場捷運全線啟用行動支付
五月十五日　運量突破 5000 萬人次
六月二十一日　籌辦台灣軌道工程學會 2019 年度大會暨「邁向智慧軌道 4.0：創新與轉型」研討會
六月二十五日　蘆竹機廠太陽能光電系統建置完成
七月十九日　取得 ISO 9001：2015 品質管理系統，與 ISO 45001：2018 職業安全衛生管理系統雙項認證
八月五日　大數據產學聯盟擴大升級合作共同推動國產化
十一月八日　桃捷和日本阪神電鐵合作發行「台灣大阪神戶乘車券優惠告票」
十一月二十八日　桃捷非營利幼兒園正式揭碑

◆二〇二〇年

一月一日　單日運量突破 14 萬人次（桃園跨年晚會、五月天演唱會）

一月十六日　全線車站開放信用卡過閘服務

二月四日　成立防疫工作小組防疫全面升級

三月五日　車站超前部署進行防疫演練

三月十七日　紅外線熱像測溫儀全線啟動防護

三月十九日　國家邊境全面管制啟動

四月二十一日　與國立臺北科技大學、元智大學、開南大學、北捷公司合作成立「智慧鐵道產業人才學院」

五月十四日　機場捷運全線車站布設空氣盒子監測 PM2.5

八月四日　發行「玩味機捷線 -follow 覓」美食書

十一月十六日　桃捷列車佔據偵測輔助系統 (TODS) 榮獲「2020 智慧運輸應用獎」

十二月十四日　青埔機廠太陽能光電系統建置完成

◆二〇二一年

四月十六日　舉辦「5G 新時代 智慧軌道商業趨勢與應用論壇」

九月三日　推出「挺國軍」彩繪列車及「榮耀國軍」搭乘優惠

九月九日　榮獲「110 年度開立統一發票績優營業人」

十月十三日　榮獲 2021 臺灣服務業大評鑑「軌道運輸類」金牌獎

十二月十七日　機場捷運通車突破 1 億人次

◆二〇二二年

三月八日　榮獲「優良級」室內空氣品質自主管理標章認證

六月九日　桃捷全軌啟用光纖電路完善高速傳輸智慧網

八月十六日　推出桃捷吉祥物「鶇鶇」暨系列商品

八月二十日　清華大學桃園醫療教育園區籌備處於桃捷行政大樓揭牌啟用

十月十三日　國家邊境開始解除管制

專注前進的方向，直達美好……

桃園大眾捷運股份有限公司　歷屆董監事名錄

◆第一屆　任期為99.06.18-102.09.16

董事長

姓名	職稱	任期
郭蔡文	桃園縣政府副縣長	99.06.18-100.04.07
李朝枝	桃園縣政府副縣長	100.04.18-102.06.30

常務董事

姓名	職稱	任期
吳啟民	桃園縣政府城鄉發展局局長	100.04.18-
張辰秋	桃園大眾捷運股份有限公司總經理	100.04.18-
李四川	新北市政府副市長	
鄭佳良	臺北市政府交通局副局長	100.04.18-
李永展	桃園縣政府城鄉發展處長	99.06.18-100.04.07

郭振寰　桃園縣政府交通處長　99.06.18-100.04.07

譚國光　臺北市政府副秘書長　99.06.18-100.02.13

董事

李維峰　桃園縣政府顧問　102.07.11-

葉火雲　桃園縣政府法制處長

林學堅　桃園縣政府地政局長　100.04.08-

陳淑容　桃園縣政府工商發展局長　100.04.08-

陳盛　桃園縣政府研究發展考核委員會主任委員

簡秀蓮　桃園縣政府勞動及人力資源局長　100.04.08-

黎文明　桃園縣政府警察局長　99.06.18-100.04.07，101.06.19-

呂衛青　新北市政府財政局長　100.02.14-

伊永仁　新北市政府警察局長　100.02.14-

趙紹廉　新北市政府交通局長　100.02.14-

張文城　桃園縣政府工務局長　101.10.22-102.01.17

古沼格	桃園縣政府工務局長	99.06.18-101.09.23
劉勤章	桃園縣政府警察局長	100.04.08-101.05.05
康秋桂	桃園縣政府地政處長	99.06.18-100.04.07
王允宸	桃園縣政府工商發展處長	99.06.18-100.04.07
邱俊銘	桃園縣政府研究發展處長	99.06.18-100.04.07
江美桃	臺北縣政府財政局長	99.06.18-100.02.13
林國棟	臺北縣政府警察局長	99.06.18-100.02.13
林重昌	臺北縣政府交通局代理局長	99.06.18-100.02.13

監察人

歐美鐶	桃園縣政府財政局長	
鄭瑞成	桃園縣政府秘書長	100.04.08-
林祐賢	新北市政府主計處長	
李榮吉	桃園縣政府主計處長	99.06.18-100.04.07

總經理

郭振賨　桃園縣政府交通處長代理　99.07.06-100.02.15

張辰秋　100.02.16-103.03.27

■ 桃園縣政府李朝枝副縣長原自 99.06.18 起任董事，後於 100.04.18 選為董事長。

■ 桃園縣政府城鄉發展局吳啟民局長原自 100.04.08 起任董事，後於 100.04.18 選為常務董事。

■ 桃園大眾捷運股份有限公司張辰秋總經理原自 100.04.08 起任董事，後於 100.04.18 選為常務董事。

■ 臺北市政府交通局鄭佳良副局長原自 100.02.14 起任董事，後於 100.04.18 選為常務董事。

◆第二屆 任期為102.09.17-105.09.12

董事長

姓名	職稱	任期
劉坤億		105.07.05-
何煖軒		103.12.25-105.06.23
劉奕成		102.09.17-103.03.27

常務董事

姓名	職稱	任期
李憲明	桃園市政府秘書長	103.12.25-
趙紹廉	新北市政府顧問	105.07.05-
鄭佳良	臺北市政府交通局副局長	
高宗正	新北市政府副市長	103.08.19-105.03.24
黃適卓	桃園市政府顧問	103.12.25-104.09.24
李維峰	桃園縣政府縣政顧問	102.09.17-103.12.24
吳啟民	桃園縣政府城鄉發展局長	102.09.17-103.12.24

陳伸賢	新北市政府副市長	103.03.28-103.08.03
李四川	新北市政府副市長	102.09.17-103.03.12

董事

陳凱凌	桃園大眾捷運股份有限公司總經理	103.12.25-
張昌財	桃園航空城股份有限公司董事長	103.12.25-
胡英達	桃園市政府消防局長	103.12.25-
拱祥生	桃園市政府顧問	103.12.25-
陳錫禎	桃園市政府地政局長	103.12.25-
周春櫻	桃園市政府法務局長	103.12.25-
邱莊秀美	桃園市政府文化局長	104.11.17-
呂衛青	新北市政府財政局長	
林月棗	新北市政府參事	105.03.25-
鍾鳴時	新北市政府交通局副局長	105.03.25-
康秋桂	新北市政府地政局長	104.09.14-105.03.24

王聲威　新北市政府交通局長　104.05.07-104.09.13
陳國恩　新北市政府警察局長　103.02.20-104.05.06
程子箴　桃園大眾捷運股份有限公司總經理　103.04.22-103.12.24
陳淑容　桃園縣政府工商發展局長　102.09.17-103.12.24
謝景旭　桃園市政府消防局長　102.09.17-103.12.24
朱惕之　桃園縣政府副秘書長　102.09.17-103.12.24
魏勝之　桃園機場公司副總經理　102.09.17-103.12.24
林學堅　桃園縣政府地政局長　103.04.22-103.12.24
葉火雲　桃園縣政府法制處長　102.09.17-103.12.24
張辰秋　桃園大眾捷運股份有限公司總經理　102.09.17-103.03.27
陳　強　台灣高鐵公司營運處營運分處協理　102.09.17-103.03.27
伊永仁　新北市政府警察局長　102.09.17-103.02.19

監察人

歐美鐶　桃園市政府財政局長
陳慧娟　桃園市政府主計處長　103.06.30-

陳嘉興　新北市政府顧問
林志盈　群信行動數位科技股份有限公司董事長　102.09.17-103.03.27

總經理

張辰秋　100.02.16-103.03.27
程子箴　副總經理代理　103.03.28-103.08.18，
　　　　真除　103.08.19-103.12.24
陳凱凌　103.12.25-107.04.15

■ 新北市政府陳伸賢副市長原自 103.03.13 起任董事，後於 103.03.28 選為常務董事。
■ 新北市政府高宗正副市長原自 103.08.04 起任董事，後於 103.08.19 選為常務董事。
■ 桃園市政府研究發展考核委員會劉坤億主任委員原自 103.12.25 起任董事，後於 104.12.30 選為常務董事，再於 105.07.05 選為董事長。
■ 新北市政府趙紹廉顧問於 105.07.05 選為常務董事。

◆第三屆　任期為105.09.13-108.09.12

董事長
劉坤億

常務董事

姓名	職稱	任期
李憲明	桃園市政府副市長	
陳靜航	桃園市政府勞動局長	108.03.08-
詹榮鋒	新北市政府捷運工程局副局長	108.03.08-
張滋容	臺北市政府交通局副局長	108.08.13-
鄭佳良	臺北市政府交通局副局長	105.09.13-108.08.12
黃治峯	桃園市政府副秘書長	105.09.13-108.03.07
李政安	新北市政府捷運工程局副局長	107.03.02-108.01.14
趙紹廉	新北市政府捷運工程局長	105.09.13-107.01.31

董事

姓名	職稱	任期
顏子傑	桃園市政府秘書處長	107.05.02-
郭裕信	桃園市政府經濟發展局長	108.03.08-
郭振寰	桃園市政府參事	
謝呂泉	桃園市政府消防局長	108.03.08-
陳錫禎	桃園市政府地政局長	
詹賀舜	桃園市政府新聞處長	108.03.08-
陳文德	桃園市政府捷運工程局長	108.03.08-
何怡明	新北市政府經濟發展局長	108.01.15-
吳國濟	新北大眾捷運股份有限公司總經理	108.01.15-
金肇安	新北市政府交通局副局長	108.03.06-
林麗珠	新北市政府交通局副局長	108.01.15-108.03.05
周春櫻	桃園市政府法務局長	105.09.13-108.03.07
莊秀美	桃園市政府文化局長	105.09.13-108.03.07
胡英達	桃園市政府消防局長	105.09.13-108.03.07

姓名	職稱	任期
朱松偉	桃園市政府經濟發展局長	105.09.13-108.03.07
張峯源	新北市政府經濟發展局長	107.04.02-108.01.14
吳清炎	新北市政府市政顧問	105.09.13-108.01.14
鍾鳴時	新北市政府交通局副局長	105.03.25-108.01.14
陳凱凌	桃園大眾捷運股份有限公司總經理	105.09.13-107.04.15
呂衛青	新北市政府副市長	105.09.13-107.04.01

監察人

姓名	職稱	任期
陳嘉興	新北市政府顧問	105.09.13-108.01.21
歐美鐶	桃園市政府財政局長	106.06.23-108.01.21
林世杰	桃園市政府主計處長	105.09.13-106.02.23
陳慧娟	桃園市政府主計處長	

總經理

姓名	任期
陳凱凌	103.12.25-107.04.15

蒲鶴章　副總經理代理　107.04.16-107.12.27；
　　　　真除　107.12.28-110.08.18

■ 新北市政府捷運工程局李政安副局長原自 107.02.01 起任董事，後於 107.03.02 選為常務董事。
■ 新北市政府捷運工程局詹榮鋒副局長原自 108.01.15 起任董事，後於 108.03.08 選為常務董事。
■ 臺北市政府交通局張滋容副局長原自 108.07.23 起任董事，後於 108.08.13 選為常務董事。

◆ 第四屆　任期為108.09.13-111.09.12

董事長

劉坤億

常務董事

李憲明　桃園市政府副市長

陳文德　桃園市政府捷運工程局長

林耀長　新北市政府捷運工程局副局長　109.08.28-

楊秦恒　臺北大眾捷運股份有限公司副總經理　110.09.17-

黃清信　臺北大眾捷運股份有限公司副總經理　110.08.27-110.09.08

張滋容　臺北市政府交通局副局長　108.09.13-110.07.15

詹榮鋒　新北市政府捷運工程局副局長　108.09.13-109.06.23

董事

陳靜航　桃園市政府民政局長
陳錫禎　桃園航空城股份有限公司董事長
郭裕信　桃園市政府經濟發展局長
詹賀舜　桃園市政府新聞處長
賴宇亭　桃園市政府工務局長
謝呂泉　桃園市政府消防局長
顏子傑　桃園市政府秘書處長
何怡明　新北市政府經濟發展局長
吳國濟　新北大眾捷運股份有限公司總經理
金肇安　新北市政府交通局副局長

監察人

李三蓮　桃禧航空城大飯店股份有限公司董事長
柳宏典　新北市政府技監
洪樸鈞　尊爵大飯店執行董事總經理

總經理

蒲鶴章　副總經理代理　107.04.16-107.12.27；

　　　　真除　107.12.28-110.08.18

陳定漢　副總經理暫代　110.08.27-110.10.04

鄭德發　110.10.05-

■ 新北市政府捷運工程局林耀長副局長原自 109.06.24 起任董事，後於 109.08.28 選為常務董事。

■ 臺北大眾捷運股份有限公司黃清信副總經理原自 110.07.16 起任董事，後於 110.08.27 選為常務董事。

■ 臺北大眾捷運股份有限公司楊秦恒副總經理原自 110.09.09 起任董事，後於 110.09.17 選為常務董事。

◆第五屆　任期為111.09.13-114.09.12

董事長
李憲明　桃園市政府副市長

常務董事
陳文德　桃園市政府捷運工程局長
陳靜航　桃園市政府民政局長
鄭智銘　新北市政府捷運工程局副局長
楊秦恒　臺北大眾捷運股份有限公司副總經理

董事
吳宏國　桃園市政府勞動局局長
陳錫禎　桃園航空城股份有限公司董事長
郭裕信　桃園市政府經濟發展局長

蔡金鐘　桃園市政府地政局長
賴宇亭　桃園市政府工務局長
謝呂泉　桃園市政府消防局長
顏子傑　桃園市政府秘書處長
何怡明　新北市政府經濟發展局長
金肇安　新北市政府交通局副局長
吳國濟　新北大眾捷運股份有限公司總經理

監察人
李三蓮　桃禧航空城大飯店股份有限公司董事長
柳宏典　新北市政府技監
洪樸鈞　尊爵大飯店執行董事總經理

總經理
鄭德發

遠景叢書 199

直達美好

桃園機場捷運通車營運實錄

作　　者　劉坤億

總 編 輯　葉麗晴
行政總監　廖淑華
編輯主任　柯秦安
執行編輯　吳建衛
封面設計　施建宇
內文排版　施建宇
校　　稿　丘富華、孫睿岑、吳建衛
圖片提供　桃園大眾捷運股份有限公司

創 辦 人　沈登恩
出　　版　遠景出版事業有限公司
地　　址　地址新北市板橋區松柏街 65 號 5 樓
網　　址　www.vistaread.com
電　　話　02-2254-5460
傳　　眞　02-2254-2136

發　　行　晴光文化出版有限公司
電　　話　02-2254-2899
總 經 銷　紅螞蟻圖書有限公司
電　　話　02-2795-3656

出版日期　2022 年 12 月
I S B N　978-957-39-1157-9
定　　價　新臺幣 490 元整

行政院新聞局登記證局版臺業字號第 0105 號
版權所有 · 翻印必究 Printed in Taiwan

國家圖書館出版品預行編目 (CIP) 資料

直達美好 : 桃園機場捷運通車營運實錄 / 劉坤億著 . --
新北市 : 遠景出版事業有限公司出版 : 晴光文化出版有限公司發行 , 2022.12
面;　公分 . -- (遠景叢書 ; 199)

ISBN 978-957-39-1157-9(平裝)

1.CST: 大眾捷運系統 2.CST: 捷運工程 3.CST: 桃園市

442.96　　111021082

VISTA

VISTA

VISTA